生活因阅读而精彩

生活因阅读而精彩

夏悠然 著

慢下来，把日子过成诗

中国华侨出版社

图书在版编目(CIP)数据

慢下来,把日子过成诗 / 夏悠然著. —北京:
中国华侨出版社,2014.4

ISBN 978-7-5113-4563-9

Ⅰ.①慢⋯　Ⅱ.①夏⋯　Ⅲ.①人生哲学–通俗读物
Ⅳ.①B821-49

中国版本图书馆 CIP 数据核字(2014)第075860 号

慢下来,把日子过成诗

著　　者 / 夏悠然

责任编辑 / 严晓慧

责任校对 / 孙　丽

经　　销 / 新华书店

开　　本 / 787 毫米×1092 毫米　1/16　印张/17　字数/225 千字

印　　刷 / 北京军迪印刷有限责任公司

版　　次 / 2014 年 6 月第 1 版　2020 年 5 月第 2 次印刷

书　　号 / ISBN 978-7-5113-4563-9

定　　价 / 48.00 元

中国华侨出版社　北京市朝阳区静安里 26 号通成达大厦 3 层　邮编:100028

法律顾问:陈鹰律师事务所

编辑部:(010)64443056　　64443979

发行部:(010)64443051　　传真:(010)64439708

网址:www.oveaschin.com

E-mail:oveaschin@sina.com

前 言

曾几何时，我们的生活还如诗如画，意境悠远。在记忆深处有那"明月松间照，清泉石上流"的恬静淡雅，有"日长篱落无人过，唯有蜻蜓蛱蝶飞"的闲适清幽；也有"赏花归去马如飞，去马如飞酒力微，酒力微醒时已暮，醒时已暮赏花归"的悠闲自在。

只是，渐渐地，我们发现再也找不到当初的悠闲自在了，我们每日匆匆忙忙地行走在上下班的路上，忙忙碌碌地为着工作、爱情、理想以及人生打拼。然而，路漫漫其修远兮，喜怒哀乐、阴晴圆缺，原本就是人生道路上的跌宕起伏。而终日忙碌的我们，又为什么不肯停下来倒掉鞋中的小石子呢？

你上次静静地欣赏花开花落是什么时候？你上次和朋友一起去郊外纵情山水是什么时候？你上次在午后的阳光下读书喝茶是什么时候？你上次呼朋唤友地踏雪寻梅是什么时候？而你又有多久已经没有抬头望望白云蓝天了？

日子原本不应该是这样枯燥乏味的，而应该如同记忆深处的诗歌一样灵动悠然。生活这首灵动的诗歌中既包含着忙忙碌碌，也包含着悠闲自在；既包含着呼朋唤友，也包含着独尝寂寞。生活中包含"春有百花秋有月，夏有凉风冬有雪"，四季变换，景色亦随之变换。我们完全可以在平凡的日子中找到属于自己的生活之诗。

生活中从来都不缺少美，缺少的，只是一双发现美的眼睛，以及一颗淡泊素雅之心。

抬手轻轻拭去遮蔽了我们眼睛的忙碌，带着一颗淡泊素雅之心，去感受生活中的点滴美好吧。你就会发现正如四季的景色分明一样，十二个月也各有独特之美，正所谓：

正月梅花傲霜雪，二月杏花满树白，

三月桃花映绿水，四月蔷薇遍篱台，

五月榴花红似火，六月荷花水中排，

七月凤仙花圃闹，八月桂花遍地开，

九月菊花齐怒放，十月芙蓉千般态，

冬月水仙凌波绽，腊月腊梅报春来。

每个季节，都有属于自己的诗情画意；每个月份，都有属于自己的美好浪漫；而每一天，也都有属于自己的诗篇。只要用心感受，用心倾听，你会发现，生活，原来可以如此美好；你会发现，生活，原来就是一首"时光静好，现世安稳"的诗篇。

慢下来，享受美丽；慢下来，聆听花开；慢下来，感受幸福。

朋友，请放慢您的脚步，轻点，再轻点，跟着我们一起去找寻生活中的美丽诗篇吧！

目录

第一章

柳荫堤畔闲行，花坞樽前微笑

——慢下来，把急躁酿成诗

"莫听穿林打叶声，何妨吟啸且徐行。"忙忙碌碌
中，不妨放慢脚步，仔细品味一下人生路上的风风雨
雨，用心感受生活的花开花落。慢下来，把急躁酿成
"柳荫堤畔闲行，花坞樽前微笑"的诗，在这喧嚣浮躁
的世界里享受内心的宁静悠然。

停下来，感受美丽

当你放慢脚步时，
你会发现人生旅途中别样的风景。

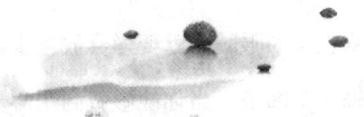

　　有一个木制车轮被人砍下一个角，它从此成了废物，再也不能使用。车轮很伤心，它决定找一块合适的木块填补自己，使自己重新变得完整、有用处，于是它开始长途跋涉。

　　它走得很慢，一路上，它看到了美丽的草原、鲜艳的花朵，还有各种各样的动物。累了，它就在柔软的草地上打盹，听着风和小鸟的歌声，觉得心中十分安宁。

　　终于有一天，它找到了合适的木块，又变成了一个车轮。再次被装到车上时，它发现自己只顾着向前滚动，再也看不到美丽的风景，再也听不到动人的歌声。它觉得很痛苦，终于领悟到：原来残缺也有残缺的好处，一旦走得太快，就会错过很多东西。

　　常听人感慨世事难两全，但不能两全也许并不是一件坏事，残缺的部分有时能给人带来惊喜。就像故事中残缺的车轮想要变得完整，一段旅程后，它突然明白当一个人太过圆满、太过急切，就会错过很多重要的东西。生命的意义不全是不停地赶路，有时需要步调慢一点儿，眼光不要只盯着前方不放，才能更好地欣赏大千世界。

一个人如果能以欣赏的眼光看待周围的一切，即使他不富有、不特殊、不引人注意，也会有一份他人比不上的充实心态。人生的富足不在于拥有和索取，而在于你的心灵发现了什么。凡事如果囫囵吞枣，就会没了滋味。人要想有一双发现的眼睛，就要学会放慢步调，仔细观察周围的事物、用心体会周遭的每一个细节。当你能够做到用心灵体会周围事物的每一个起伏，你便拥有了一颗禅心。

我们处在一个忙碌的时代，身心每天都在高速运转，大街上终日都有匆匆忙忙的身影。人们为了生计奔波，在这样的情况下谈参禅，何其不易。但也正因如此，心灵才更需要禅来舒缓。我们的心就像一块柔软的布，被现实浸透挤压，皱皱巴巴，沾上各种泥浆，越来越硬。我们需要清风舒展它，需要细雨洗涤它。亲近自然、领悟禅意，就是心灵的清风细雨。

格林先生是个忙碌的英国人，每天都在为工作奔忙，连周六周日也不得休息。这一天，格林先生联系了一个位于偏远牧场的厂商，他开着自己的车去签合同。归途中，汽车抛锚，他打了电话给汽车公司，汽车公司的人向他道歉，说要半天以后才能来拖车。格林先生自认倒霉，给自己的妻子打了个电话，妻子说："既然晚上车才能回来，这个时间你不妨下车散散步，看看景色。"

格林先生本想在天黑前回到公司交差，现在，他知道交差无望，索性下了车，走向田野。此时是秋天，金黄色的野草蔓延在阳光下，有三三两两的牛羊在吃草。眼前的美景让格林先生忘记了所有的郁闷。更让他奇怪的是，他明明经常看到这样的景色，为什么今天格外入眼？

格林先生一直逛到天黑。回家后，他对妻子说起今日的经历，妻子说："太忙碌的人就会忘记身边的风景。看来，我们应该经常去野外游玩，陶冶我们的身心。"

人们常觉得活得累，并不是因为生活本身就劳累，而是因为我们不肯停下来休息。故事里的格林先生因为一次意外的汽车抛锚，看到了那些被他忽略已久的风景。如果一个人能常常提醒自己慢下来，就能多一些时光享受这美丽的世界。慢一点儿并不是停滞，只是让脚步更加舒缓、让目光更加柔和、让心灵更加空旷。

万物都是美丽的，特别是置身自然之中，绿色的树木能够舒缓你的双眼，清新的花香能够拯救你被人工香料"荼毒"已久的鼻子，广阔的天地能让你舒展被格子间束缚的四肢……人类是自然的一部分，只有在亲近自然的时候，你才能找回生命最初的宁静，你会明白自己的渺小，察觉自己的幸福，懂得什么是满足。

禅，就是一种回归自然，体味生命本源的灵性。最简单的东西最能让人心情放松，也最有价值。多多体会简单的东西，那些能给你满足的事物就在你的身边：美丽的风景不应该只是一种摆设；心中的事业也不该是折磨人的重担；随着岁月增长的不是年龄，而是更多欢乐的机会、更加丰富的见闻、更为平和的心境。保持一颗禅心，记得生命最初的那份平和与透彻，不论顺境逆境，都能自得其乐，笑对人生。

放慢脚步，寻找生活的诗篇

慢下来，
你会发现许多不曾留意的美丽风景。

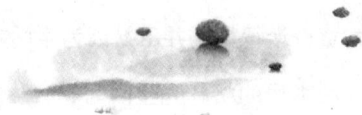

　　每个人都在追求快乐，其实快乐很简单。当你在繁忙的生活中，停下匆匆的脚步，让自己喘口气，你会发现许多不曾留意的美丽风景，心情自然也会变得快乐。休息是为了走更长的路。

　　有位女士特别喜欢一双鞋，自从买回来后几乎每天都会穿出门。虽然这双鞋是名牌，质量极好，但在不到半年的时间里就磨坏了。这位女士只好拿到鞋匠那儿去修补，并对鞋匠抱怨这双鞋虚有其表，虽然好看，但是质量太差，只穿半年就坏了。鞋匠仔细检查了皮鞋后说："这双鞋的确非常漂亮，你是不是每天都穿出门？"女士说："是啊！"鞋匠笑道："这就难怪了。其实这双鞋质量很好，但是由于你天天穿，它的皮革和材质没有得到适当的休息，自然就容易被磨坏。"

　　修鞋匠一边修，一边与女士聊天，他说："我以前是农民，种过田的都明白一个道理，那就是同一块土地上不能年年都种植同样的农作物。如果今年种了玉米，明年就要改种土豆。"

这是因为，土地需要经过一段时间的休整才能发挥最大的效益。穿鞋和种田的道理其实是一样的。想要保持生命力，最重要的就是适当地休息。人类作为万物之灵更需要依循大自然的法则，保养顾惜。休息是健康的首要因素。当你休息充分，心情自然能够舒展，愉快的情绪才能有益于健康，这样你才能有旺盛的精力投入接下来的工作和学习。

如果用心观察，我们不难发现许多人之所以在工作中做出惊人成绩，并不一定是不分昼夜，不眠不休工作换来的。恰恰相反，他们当中许多人很重视休息，当他们感到疲惫的时候就会停下来休息片刻，这才赢得了健康的体魄和旺盛的精力，这也正是他们事业成功的基础和本钱。同样，我们在紧张忙碌的生活、工作中，更应该放松一下心中那根时刻绷紧的弦。

有人说，过度紧张和劳累是"百病之源"，这句话并不夸张。现代社会，"过劳死"的例子屡见不鲜。多少工作狂夜以继日地工作，且不说极度疲惫之下的工作效率如何，长此以往，积劳成疾，终究贻害健康。

小文是一名销售员，在一家效益不错的私企工作五年多了。按照公司规定，每年有七天的年假，可是公司的销售部宣布，因任务压力过大，需要大家一起努力，暂停年假。以至于最近三年，小文一天年假都没有休过。小文每次看到别的部门的同事商量休年假去哪里旅行，她都十分羡慕和不平衡，心里比猫抓还痒。她只能无奈地安慰自己，拿着比别人高的工资，似乎没假休也是"情有可原"的。其实，小文不休年假还有另外一个原因。她说："在销售部工作，竞争十分激烈，稍有懈怠，业绩就会落后别人一大截。如果去休半个月的假，回来以后说不定自己的客户就被别人抢了，就是有人敢冒这个风险，也没人休得起这个假。"

处在和小文一样的情况下的人不胜枚举，迫于沉重的生活压力和严苛的公司制度，他们在繁忙的工作中得不到一刻休息，不敢有丝毫松懈。而最终的结果往往不尽如人意，很有可能在某一天累趴下，进了医院。

休假成了养病，无奈的还是自己。

心理专家认为，拥有一段高品质的假期，可以让我们静下来面对内心真实的需求，有时间来处理自己与内心的关系，自己和他人的关系，摆脱日常生活中消极应对、被动接受的状态，帮我们处理在日常生活中无法处理的关系，仔细倾听自己内心的声音。你会发现原来生活比想象中要美好。

破茧成蝶，需要等待

蝴蝶一定得在茧中经历一番痛苦的挣扎，
才有能力破茧成蝶，翱翔天空。

古人云："欲速则不达。"无论做什么事情，如果只执着于速度，急于求成，往往会忽略事物发展的过程，事倍功半。想要高效地解决问题，就不能急功近利，要等待有利时机。

有个小孩儿在草地上捡到了一只蛹，他带回家，想知道蛹如何羽化成蝴蝶。

他焦急地等待了几天，蛹的身上好不容易出现了一道小裂缝，里面的蝴蝶身体似乎被卡住了，蝴蝶努力挣扎，经过了好几个小时，一直出不来。

小孩儿急于亲眼见到飞舞的蝴蝶，心想："我必须帮一帮它。"小孩儿拿起剪刀把蛹剪开，帮助蝴蝶解开了困境。没想到蝴蝶的身体臃肿，翅膀干瘦，根本飞不起来。

小孩儿以为再过几小时，蝴蝶的翅膀会舒展开来，自然就能翩翩起舞了；可是他的希望落空了，那只蝴蝶过早地出生，注定要拖着臃肿的身子与干瘪的翅膀，永远无法展翅飞翔。

大自然的规律是非常玄妙的，每一个小生命的诞生都充满了神奇与庄严，瓜熟蒂落，水到渠成；蝴蝶一定得在茧中经历一番痛苦的挣扎，直到它的双翅强壮了，才有能力破茧成蝶，翱翔天空。小孩儿迫不及待地一剪，害了它的一生。

公元 1409 年 6 月，明成祖朱棣封丘福为征虏大将军，命他率十万精骑，讨伐谋叛的鞑靼主本雅失里。

丘福这人平时十分自大，容易轻敌。朱棣正是考虑到这一点，在大军出发前，特意告诫他说："出兵一定要谨慎，到达鞑靼地区如果没有发现可疑人员也要时时做好对抗的准备。"他还进一步指示："不要贻误战机，也不要轻举妄动，不要被敌人的假象所蒙蔽。"等到丘福率师北进后，朱棣又连下诏令，反复叫丘福要谨慎出战，切不可轻敌。

历经两月，丘福的军队长途跋涉到了鞑靼地区。他亲率一千多骑兵先行探路，当行进到胪朐河一带时，遭遇鞑靼军的散兵游勇。丘福指挥骑兵迎战，轻松打退敌兵，接着乘胜渡河，又俘虏了一名鞑靼小官。丘福向俘虏追问鞑靼主本雅失里的下落，这名俘虏正是鞑靼人派来侦察明军情况的奸细，便谎称本雅失里闻大军南来，便不战而退，惶恐北逃，离这里不过三十里。丘福听闻十分自得，信以为真，当即决定率先头部队前去攻杀。各位将领都不同意丘福的这一决定，觉得事有蹊跷，建议等大部队到齐了，仔细把敌情侦察清楚了再出兵。此时，丘福已经将朱棣的嘱咐全然抛向脑后，坚持出兵。他率部直袭敌营，连战两日均获小胜，鞑靼军且战且退，假装败走。这就更加助长了丘福的自负心理，让他越发轻敌。丘福一心想要生擒本雅失里，于是孤军直追。这时，他的部将纷纷上书谏言，劝丘福不可轻敌冒进，并提出谨慎保守的作战措施。但是，一心求胜的丘福根本听不进去，一意孤行，并下令说："违令者斩！"随即率军攻在前面，诸将不得不跟着前进。

很快，鞑靼的大军突然杀过来，顷刻间将丘福所率领的先头部队重重包围了。丘福等军士以寡敌众，拼命抵抗也无济于事，最后在突围时战死。丘福死后，明朝后续部队不战而退。

功名利禄就仿佛一副近视眼镜戴在了急功近利的人脸上，让他们变得目光短浅，只看得到眼前的蝇头小利，不做长远打算，容易犯下"捡了芝麻丢了西瓜"的低级错误。争一时之利，失长久发展最终也是得不偿失的。

急功近利者往往不能抓住成功的机遇反而容易错失成就事业的最佳时机，因为他们过早地把时间和精力耗费在短期获利的行为上，也许一时会得到些小利，但得到的终归微不足道。他们也没有长远的目光与耐心投资和等待真正能取得成功的机会。这样的人活得太累，不可能有真正的快乐和幸福，最终是碌碌无为不可取。

万物静观皆自得

遇事莫急躁，
万物静观之。

俗话说"心急吃不了热豆腐"，说的就是心急反而坏事。曾有人说："吾人不良之习惯甚多。今欲改正，宜依如何之方法耶？若罗列多条，而一时改正，则心劳而效少，以余经验言之，宜先举一条乃至三四条，逐日努力检点，既已改正，后再逐渐增加可耳。今春以来，有道侣数人，与余同研律学，颇注意于改正习惯。"

当一个人在改正以往的缺点和不良习惯时，很容易变得急躁，将缺点全部写出来，恨不得一下子全部改正，其实这样往往容易半途而废，还不如慢慢来，逐个击破，树立一个个小目标，反复修正和检查并且慢慢地增加一次改掉的缺点数。这样，反而更容易成功。

有一个叫司徒的女生个性急躁，稍有不合意就发脾气、不耐烦。小时候，只要她喜欢的东西就要马上得到，否则她就无休止地哭闹，弄得亲戚朋友不胜其烦，对她颇有微词。读书以后，因为父母早晨都很忙，没时间给她梳头，她只好自己梳，有时落下一绺头发一时半会儿梳不上去，她就不耐烦地一把将这一绺头发拽下来。她成绩很好，遇到同学向她请教，她也乐于讲解，但是讲过一两遍对方还不明白，她就不耐烦地说："怎么还不明白呢？我都说过几遍了？"结果惹得同学很不高兴，不愿意再问她。原本一件助人的好事变成惹人反感的坏事。有时候，她也很后悔，但一着急就控制不住自己。每当别人要她重复一下刚才讲过的一句话，她都会不耐烦："我刚刚才说过的，谁叫你没听？"就这样，朋友们渐渐不再和她来往了。

其实急躁是一种病态的心理，它的主要表现是焦躁不安。急躁的人往往都会心神不宁，面对急剧变化的社会，容易不知所措，心慌意乱，进而丧失对未来的信心。

从某种意义上讲，急躁不仅是取得成功最大的障碍，而且还是引发各种心理疾病的根源，它以多种多样的表现形式渗透到我们的日常生活和工作中。当今社会由于生活压力加大和生活节奏的加速，人们往往急于求成、缺乏信心。遇到问题，便生了急躁之心，而正是因为这失衡的急躁之心作祟，使我们不仅无法做好事情，甚至可能因此付出沉重的代价。

有一位曾先生，他辛苦奋斗了多年，攒了一些积蓄。后来，他看到周围有许多人做生意都发财了，便按捺不住，想要拿出自己的积蓄拼一把。他观察数日，发现当地个体客运生意兴隆，于是兴冲冲地买了一辆面包车跑客运。并且为了早日开张，节省开支，他让学驾驶还不到半年的儿子负责开车。结果开业第一天就出了车祸。车撞到了一位村妇，一下子赔进去数万元的医药费。生意还没赚钱，倒先赔上了。老曾又气又急，为了马上赚钱挽回损失，他不顾家人反对，又急忙添了一辆卡车跑货运。为了尽快多赚钱，他顾不上休息，让车子没日没夜地跑，车子出现一些小故障也懒得检修，不到一个月又出了一次车祸。更糟糕的是，他一心急着赚钱，连车辆最起码的保险费也没有交，结果只好单方面承担了十万元的责任赔偿。这么急匆匆地瞎折腾了两年，老曾不但没赚到钱，反而把多年的积蓄也全都赔光了，还背了一身债。这个教训真可谓深刻！其实，如果他当时能够控制情绪，仔细冷静地去分析，多听听家人的建议，很多问题都是可以避免的。人一急躁则必然心浮，心浮就没有耐心深入事物的内部去仔细研究和探讨事物发展的客观规律，进而也无法认清事物的本质。气躁心浮，处世不稳，差错自然会多。急躁让人误事，浮躁却让人失去努力的方向。

明代边贡《赠高子》一诗里曾有一段这样的描述："少年学书复学剑，老大蹉跎双鬓白。"是讲有的年轻人刚要坐下学习书本知识，心里又惦记着去学习击剑，一心贪多，急浮于心，结果只有蹉跎光阴，到头来落得个白发苍苍、一事无成。

现代的社会竞争激烈，忙碌和紧张成了人们生活的标签。而这一普遍社会现象也造成了人们普遍的浮躁心理。在如今，人们很难有古人那般闲情逸致，煮酒下棋，谈天说地。人们追求速度、效率与解决问题的方法和捷径。

激烈的竞争与压力是导致我们一些人过于浮躁的直接原因。一个人过于浮躁会迷失努力的方向，而我们又该如何看待浮躁心理呢？

浮躁是现代人的一种普遍心理现象，具有冲动性、情绪性和盲目性。心理学认为，浮躁主要指由内在冲突所引起的表现为焦躁不安的一种情绪状态或人格特质。我们可以把它理解为与"扎实""沉稳"相对立的一种心理状态和行为方式。

每个人或多或少都会出现浮躁心理，而快节奏的社会环境更是促使了这一心理的扩大。在这个瞬息万变的物质世界中，欲望得不到满足时，内心就会变得浮躁。浮躁的心理会让一些人对自己失去准确定位，从而随波逐流、盲目行动，对自己的未来产生迷惘，更加看不清前进的方向。浮躁还会使我们缺乏快乐，且太过计较得失。

造成浮躁心理的另一个重要原因就是现代有些人的过度攀比。无止境地攀比，让人对自己的生存状态不满、充满抱怨，跳槽的想法也会油然而生。工作中，不少人把金钱当作自己努力奋斗的目标。当一个人缺乏对自我能力的准确定位时，就会异常脆弱、敏感，外界稍有诱惑就会盲从。

浮躁是社会生产的大忌。员工浮躁了，产品的质量、生产的安全会大打折扣；领导浮躁了，判断力会受影响，导致决策错误；商家浮躁了，会急于推出新产品，疏忽质量把关，为马上获得利润而不择手段，甚至出现诸多造假的恶性事件。

你有浮躁心理吗？我们不妨对照以下症状或表现检视自己：

1.做事不能持之以恒，见异思迁，总想投机取巧。

2.面对急剧变化的社会，手足无措，茫然不安。

3.在情绪上表现出一种不耐烦、迫不及待、急于求成的状态。

4.不加分析，莽撞行动，为达到获利的目的不择手段。

既然浮躁的负面影响如此之多，那怎样才能克服浮躁心理呢？

第一，不要盲目攀比，正确认识自己。

人们常常通过和他人比较来认识自己。这种方法固然没错，但是比较要得法，要在了解双方各方面实力具有可比性的基础上取长补短才有意义。

不然，盲目地攀比只会造成心理失衡，比较得出的结论就会是扭曲的、不客观的。

第二，调整心态，不要急于求成。

年轻人有理想、有斗志是一件好事，对成功的追求与渴望也是人之常情，但这份心态必须有所克制，不能冒进。如果急于求成，幻想在短时间内各方面都做到最优秀，往往适得其反，什么事都做不好。一口吃不成一个胖子，凡事只有按部就班、循序渐进，才能成功。

第三，脚踏实地，让理想照进现实。

想要克服浮躁的心理，需要我们从实际出发考虑问题，实事求是地寻求解决办法，不能自以为是、好高骛远。这也是取得好的工作业绩的基础。

不经意间，幸福已转身

保持良好的心态，

从另一个角度看问题，

你会发现生活远比你想象中更美好。

　　读书的时候，成绩不好，有些人又常常责怪老师教得太差，工作以后，业绩不好，有些人又常常抱怨公司平台不好、领导外行，等等。我们有些人已经习惯于把自己碌碌无为、经济拮据、诸事不顺的原因推卸到外部的客观条件上，就算反省自身，也认为是自己家庭背景不够雄厚，没有伯乐相助，甚至怪到运气不佳等。但其实这些都不过是借口，真正影响我们人生的，只有自己的心态。一个人心态的好坏决定着他是否能够获得幸福。

　　如果一个人的心态消极，呈现出来的精神面貌就会是颓废、缺少活力的，甚至更严重一点会导致郁结于心，对健康造成极坏的影响。《红楼梦》里的林黛玉就是一个典型的例子。

　　林黛玉身为金陵十二钗之首，婀娜姣美、聪慧无比，可谓才貌双全。但同时她也是个体弱多病、多愁善感的病西施。林黛玉幼年母亲去世，这对她的心灵造成了很大的伤害。自小缺少母爱呵护的她进入贾府后，便把贾宝玉视为自己唯一的真爱和精神寄托。然而在当时那个封建的社会大环境之下，林黛玉想要和贾宝玉拥有"一生一世一双人"的理想化爱情几乎是不可能的。薛宝钗的出现让生性多疑的林黛玉忌妒不已，常常为一点小事发火，心情反复无常，常常自寻烦恼，长期处于伤感和忧郁之中，身体越发消瘦，时常被病痛折磨。因此，当她得知贾宝玉与薛宝钗成为眷属时，一时承受不住悲痛的心情，带着无限的愁怨，离开了人世。

林黛玉红颜薄命让人唏嘘。从心理学角度上看，她却是一名典型的忧郁症患者。人生不如意事十之八九，在遭受诸如亲人死亡、家庭变故、失恋、失业等突发事件后，人们的心中自然会产生强烈的悲痛情绪，如果不能及时化解，就会郁结于心，让人长期沉浸在低落的情绪中，闷闷不乐、意志消沉。长此以往，心理承受巨大的压力很有可能产生自杀的念头和行为。

事实告诉我们，人们面对消极情况时所产生的行为与情绪，要比面对积极情况时更加强烈与激动，而且很难在短时间内从负面情绪中摆脱出来。当我们遭遇亲人离世、失恋、失业的时候，我们往往会在瞬间跌入绝望的深渊，让自己沉溺在苦海之中，满怀沮丧，从此一蹶不振、忧郁而麻木地活着。这种种消极负面的情绪交织成一张巨大的网禁锢着我们，我们越痛苦，大网就勒得越紧，最终把我们缠绕得遍体鳞伤、丧失元气。所以，我们不能让不良情绪和忧郁消极的思想有任何机会乘虚而入，因为它们会严重影响我们原本幸福的生活，甚至危害我们的健康。当遇到糟糕的事情时，如果能保持良好的心态，从另一个角度看待问题，也许你会发现生活远比你想象中更美好。

有位妻子愁眉苦脸地来到寺院烧香拜佛，请求禅师开示。她对禅师抱怨说："我的丈夫学历不高，每份工作都做不长久，收入也时高时低。他脾气暴躁，更糟糕的是，他前阵子还沾上了酗酒的坏毛病，这样的日子我实在是受不了了。我想跟他离婚。"禅师听后，并没有马上劝解她，而是提笔在白纸上写下一个"人"字，然后又分别在"人"字左右两边写下了"佛"和"鬼"两个字。妻子不解其意。禅师说："你的丈夫本来是个正常的人，但是你关注他魔鬼的一面，不停地浇水，所以他越来越糟，越来越像一个魔鬼；如果你能试着发觉他好的地方，向他佛性的一面浇水，也许你会重新认识你的丈夫。"妻子听后若有所思。当她回到家再次面对自己的丈夫时，她重新审视了一番，想起丈夫平时勤劳、善良的一面，于是打消了离婚的念头，并积极帮助他改掉恶习。

婚姻是人生的重要组成部分，每个人在婚姻生活中总会遇到一些坎坷，我们每个人的另一半都不是完美的，有令人心动的优点也有让人愤恨的缺点。开启婚姻幸福大门最关键的钥匙是你的心态。有的人能够多看对方的长处，并努力帮助对方弥补不足，于是彼此变得更完美、更契合，婚姻也走得更长久、更幸福；而有的人只看到对方不好的一面，完全忽视了对方的优点，这种婚姻生活自然就充斥着抱怨和争吵，甚至于难以维持。

人生在世，除了婚姻，还有很多幸福的大门等着我们去开启。能够带来幸福的往往不是你多么能干、多么富有，而是你拥有一个健康积极的心态。

如何获得幸福？这个命题很大，答案却很简单。欢喜与烦恼、成功与失败，只在一念之间。幸福的定义不在于他人的评价，而是取决于我们内心。当我们被一些问题所困扰，被挡在幸福的大门之外时，不要急，放慢脚步，调整心态，幸福的大门自然会朝你敞开。

沉淀内心，让心泉涌动

与其花许多时间和精力去凿许多浅井，不如花同样的时间和精力去凿一口深井。

一个人的精力有限、时间有限，在有生之年能找准自己要做的事情已经不容易，更不容易的是能抗拒潮流的冲击、摆脱外物的诱惑，专心地将自己的事情做下去，哪怕一生只做好一件事。

有一个令人深思的漫画：一个人在凿井，凿一处，还很浅，没有见水就换一处；又凿了，很浅，还没有见水，就再换一处……他一连凿了好几处，都没有见水。另一个人在一处凿井，一直凿下去，终于见到了水。

目标不够专一，东一榔头，西一棒子，再松软的土地也凿不到水源，不如赶紧沉下心来，坚持不懈地凿一口井。这正如罗曼·罗兰所言："与其花许多时间和精力去凿许多浅井，不如花同样的时间和精力去凿一口深井。"

接下来，我们不妨来看一个故事。

亚马孙河边的清水吸引来了大量的斑马，它们尽情地享受着大自然的恩赐，然而，它们不知道的是，这里潜伏着巨大的生命危机。一只饥饿的雄狮正在不远处的草丛中缓慢地向这里靠近。突然，雄狮像箭一样急冲出去，凶狠地向一只未成年的小斑马扑去。

斑马群受到了惊扰，四散开来，慌不择路地逃跑，有的甚至就在雄狮的身侧，但是雄狮的眼睛始终没有离开自己锁定的猎物，对那些和它靠得很近的斑马却像没看见一样，一次次放过。终于，那只斑马由于疲于奔命、体力不支，最后被凶悍的雄狮扑到了。

雄狮为什么不放弃先前那只斑马，而改去追离它更近的斑马呢？因为雄狮和追逐的斑马都已经跑得精疲力竭了，而其他的斑马并没有跑累。如果雄狮在追赶途中改变目标，追赶精力充沛的斑马，转瞬之间就会被甩到身后。紧盯一个目标，目标专一，是雄狮在残酷的动物世界中的生存之道，也是它们在捕猎中屡屡得手的法宝。

就像雄狮追赶猎物的过程一样，在生活中，我们也会经常能够遇见一些让人心动的诱惑，这时候，我们需要让沸腾的心沉静下来，好好想一想自己内心到底要追求什么、自己真正想要的是什么而专心于某一个方面。

在滚滚红尘中，急于成功、不甘寂寞的人太多了，不少人左顾右盼，看见别人做什么有前途，或者遇到点什么诱惑，就立马丢下自己手中的事，这样三心二意、朝三暮四，最终只会一事无成。

成功不是什么复杂的事情，最重要的就是你要能够收住心，专心于一件事情。不少人都知道"水滴石穿"的故事，水本来是世间至柔之物，但是当水专注的时候，一滴一滴打在石头上，再坚硬的石头也会被砸出坑洞来。

20世纪80年代，有一位在国内有一定影响力的花鸟画家，他16岁时就举办了个人画展，其多幅作品被选送至日本、意大利、美国、法国、苏联等国展出，被誉为"画童"、"小天才"。

一次画展招待会上，有人问画家："现在的画家很多，你是如何从众人中脱颖而出的呢？其间的过程是不是很不容易？"

画家微笑着摇摇头，回答："一点儿都不难，而且我差一点儿当不了画家，小时候我兴趣非常广泛，也很要强。画画、游泳、拉手风琴、打篮球，必须都得争第一才行。这当然是不可能的，有段时间我心灰意冷，觉得前途渺茫。"

众人都很好奇，画家解释道："老师知道后，找来一个漏斗和一捧玉米种子，让我把双手放在漏斗下面接着，然后捡起一粒种子投到漏斗里面，种子便顺着漏斗滑到了我的手里。老师投了十几次，我的手中也就有了十几粒种子。然后，老师一次抓起满满的一把玉米种子放在漏斗里面，玉米种子相互挤着，竟一粒也没有掉下来。"

顿了顿，画家接着说道："经老师提点后，我放弃了游泳、篮球等，这大半辈子都只坚持学习画画，这也许就是我画画比较好的原因吧。我想，如果我当初什么都学习的话，可能现在我什么都不是。"

在选择自己的前途道路时，画家既学习画画，又学游泳、拉手风琴等，结果觉得前途渺茫，不知道自己要走的路。后来在老师的提点下，他开始专心于画画这一件事，并将之作为终生的奋斗目标，最终在美术界出类拔萃、出色当行。

在一些武侠电影中，我们总能看到这样一个现象：能够在武林中执牛耳的往往是有一门绝技的人，他们能够在瞬间凭着自己的一招一式将自己置于强者的地位，而那些二流及三流的武林教派，虽然各门各派的武功都知道一点，但是始终都无所成就。

有的人一辈子做了很多事，却没有一件能让人记住的；但有的人一辈子只做了一件事，就让人记住了。这就是说，在做人生选择的时候，静下心来选择，专注地做好某件事情，远远比什么都想要、见异思迁或是四面出击要聪明很多。

从现在开始，让沸腾的心沉静下来，找一个能充分发挥能力的平台，专心做好自己手头的工作，不让其他事情扰乱心神。只要我们能够保持这种状态，就能取得令人惊叹的成就，获得成功的人生。

第二章

晨兴半炷茗香，午倦一方藤枕

——慢下来，把寂寞酿成诗

"已是悬崖百丈冰，犹有花枝俏。"冰冻三尺的严冬，唯有梅花独自绽放，这就是梅花的寂寞。人生的道路上，不免也有这样寂寞的时刻。此时，我们依然要傲然挺立，吐露芬芳，只为了，那踏雪而来寻香的曙光。

繁花落尽，细水流年

只有能够耐得住寂寞，才能守得住繁花。

岁月静好，安守寂寞。

也许，很少有人能具体地说清寂寞到底是什么，但它却从来不曾消失过，反而如影随形，存在于每个人的心中。

有时，寂寞是一种考验。是否耐得住寂寞，是对坚守的考验：有的人能够守住精神的底线，有的人却成了道德的叛徒。同时，也是对修炼的考验：有的人面对诱惑能从容镇静，能够参悟人生的真谛，有的人却被生活所控，跌到地狱的深渊。

守得住寂寞不一定都能通向成功，但所有的成功必来自与寂寞奋争的过程。可以说，耐得住寂寞是生命真正成熟的重要标志之一，因为这需要一种对人生高尚的信念、对梦想强烈的追求，以及坚韧的持守力和意志力。唯有此，人生终有所成。

李时珍的家族世代从医，世代长者都是远近闻名的"铃医"。李时珍的父亲李言闻是当地的名医。在当时社会中，民间医生的地位很低，李家常受官绅的欺侮。因此，父亲决定让二儿子李时珍读书应考，以便一朝功成，出人头地。

李时珍自小体弱多病，然而性格刚直纯真，对空洞乏味的八股文不屑一顾。自14岁中了秀才后，又3次到武昌考举人，均名落孙山。于是，他放弃了科举做官的打算，专心学医，并向父亲表明决心："身如逆流船，心比铁石坚。望父全儿志，至死不怕难。"

李言闻被儿子的坚持所打动，终于同意了李时珍的要求，并精心加以辅导。在父亲的启示下，李时珍认识到，"读万卷书"固然重要，但"行万里路"更不可少。于是，他穿上草鞋，背起药筐，在徒弟庞宪、儿子李建元的伴随下远涉深山旷野，足迹遍及河南、河北、江苏、安徽、江西、湖北等广大地区，以及牛首山、摄山（古称摄山，今栖霞山）、茅山、太和山等大山名川。

他深入实地进行调查，遍访名医宿儒。每到一地，就虚心向各种人物请教，其中不乏采药的、种田的、捕鱼的、砍柴的、打猎的。其中，连《神农本草经》都说不明白的"芸薹"就是在一位种菜老者的指点下经过察看实物而得知的。芸薹实际上就是油菜，头一年下种，第二年开花，种子可以榨油，于是，这种药物便在他的《本草纲目》中一清二楚地解释出来。

如此种种，李时珍既"搜罗百氏"，又"采访四方"，搜求民间验方，观察并收集药物标本。经过长期的实地调查，他搞清了许多药物存在的疑难问题，终于万历戊寅年（1578年）完成了《本草纲目》的编写工作，先后历时27年。

全书约有190万字，52卷，载药1892种，新增药物374种，载方10000多个，附图1000多幅，成了我国药物学的空前巨著。其中纠正前人错误甚多，在动植物分类学等许多方面有突出成就，并对其他有关学科（生物学、化学、矿物学、地质学、天文学等）也作出不小的贡献。达尔文称赞它是"中国古代的百科全书"。

由此可见，寂寞不是百无聊赖、无所事事，也不是散淡与停滞，更不是所谓的孤独或寂灭。真正的寂寞是一种不凑热闹、不赶时髦、不追风潮的生活境况和生存方式。只有沉得住气的人，才能收获冷静和智慧，不为浮躁世俗所左右，在充足的思考空间中沉淀、积蓄，而后爆发。

人生不需要急于发布任何宣言，关键是要诚实而又慷慨地抛洒汗水。特别是在他人与环境对自己尚不理解的情况下尚能保持住一颗沉稳而平和的心，这便是甘于寂寞的超凡风度。"十年寒窗无人问，一举成名天下知。"这句话正表现了寂寞与成功的关系。大凡最终达到成功彼岸的人，大都因为他们能够在无人问津的寂寞中坚守着自己心中的梦想。

相比于家喻户晓的名作《围城》，钱锺书先生的《管锥编》似乎并没有引起十分热烈的关注。而更值得我们注意的是，《管锥编》的写作环境正好准确地反映了钱老为人淡泊、寂寞治学的品格。

《管锥编》是一篇博大精深、闻名于世的笔记体学术巨著。在本书中，钱先生对《周易》《毛诗》《左传》《史记》《太平广记》《老子》《列子》《焦氏易林》《楚辞》，以及全上古三代、秦汉三国六朝文等古代典籍进行了详尽而缜密的考疏，范围由先秦迄于唐前，涉及音韵、训诂、经义、比较文化等多门学科。

从 1969~1972 年，整整 3 年的时间里，钱锺书老先生不以物喜、不以己悲，在默默无闻的状态下，一字一句地写成了《管锥编》。

万千个普通人，活在人世间没有人保证将来一定会成功，而他们的选择是耐住寂寞。寂寞不是消极厌世、颓唐沮丧，而是对追名逐利、浮躁骄矜的一种睥睨，是对市侩俗气、纸醉金迷的一种鄙视，是在宁静淡泊、耿介拔俗中默默耕耘的一种精神境界。

　　正因为这样，那些耐得住寂寞的人常有着广阔的心灵世界，有自己理想的绿洲和希冀的花朵，更有一颗赤子之心和乐于奉献的情怀。在寂寞中，他们不但默默耕耘，还凭借一己良知和理性严格地塑造、鞭策并完善自我。如此，人生才不会肤浅，其精彩方才体现。

踏雪寻梅，只为一段暗香

铁树沉寂 60 年方开一次花，
昙花积聚一个花期只为数小时的盛放。

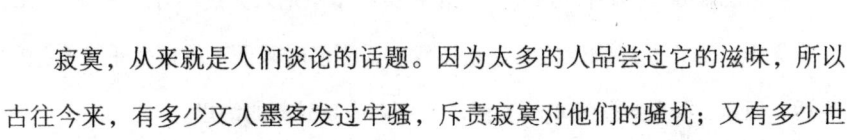

寂寞，从来就是人们谈论的话题。因为太多的人品尝过它的滋味，所以古往今来，有多少文人墨客发过牢骚，斥责寂寞对他们的骚扰；又有多少世间人不甘寂寞的折磨而书写人生的败笔。

人们为何不甘寂寞呢？答案是心无定力是！拒绝繁华喧闹的诱惑，接受寂寞的洗礼，需要造诣很高的定力。

为了摆脱红尘的喧哗浮躁，一个年轻人决定剃度为僧。剃度时，他信誓旦旦地向住持表示自己要皈依佛门，但才念了不到一个月的佛经，他就受不了寺院的寂寞，还俗去了。一个月后，他一把鼻涕一把泪地要求重入佛祖门下。住持心生慈悲，就答应了。三个月后，他又嚷嚷说佛门冷清留不住人，又一次开溜。

年轻人如此闹腾了好几次，住持很是纠结，留与不留都是烦恼。后来，他想出了一条妙计，对年轻人说："这样好了，你不如在寺院门口开个茶馆，做个不染红尘的还俗和尚。"年轻人听了很是高兴，真的在寺院门口开了个茶馆，后来又讨了个老婆，开开心心地过活起来。当然，他也没领会到佛门真谛。

这位年轻人总是被红尘的繁华诱惑着，不甘寺院寂寞的折磨，心如此没有定力，怎能静悟佛道的深奥？住持也实在是高明，像这种不甘寂寞、心无定力的人也只能安排他做一些半拉子的事情。

在红尘喧嚣、人海浮沉之余，我们要想让心灵趋于宁静，让浮华归于沉寂，就要甘于寂寞。寂寞，是思想上的考验、是精神的历程，静中念虑澄澈，见心之真体；闲中气象从容，识心之真机。

铁树沉寂 60 年方开一次花，昙花积聚一个花期只为数小时的盛放。人的一生之中，真正五彩绚烂的场面是短暂的，更多时候面对的都是平凡普通的生活。但是，经受得住寂寞的考验，才会有成功时刻的绚烂。

下面，我们不妨来看一堂成功家的演讲课。

这是一场座无虚席的演说，在人们热切、焦急的等待中，全国著名的推销大师上场了，这是他告别职业生涯的演说。只见他指挥着工作人员搭起了一座高大的铁架，铁架上吊着一个巨大的铁球，接下来他又让工作人员将一个大铁锤放在自己面前。

看到这怪异的一幕，人们很惊奇，不知道他要做什么。

这时，推销大师对观众说："请两位身体强壮的人到台上来，用这个大铁锤去敲打那个吊着的铁球，直到把它荡起来。"很快，有两个年轻人上了台，他们用尽全力去敲打那个铁球，累得气喘吁吁，但是铁球纹丝不动。

台下观众的呐喊声渐渐沉寂下去了，他们好像认定这样的敲打是无用的，就等着推销大师来解惑。这时，推销大师拿出一个小锤，对着那个巨大的铁球认真地敲了一下，停顿片刻再敲一下，这样持续地做着。

时间一分一秒地过去，10分钟、20分钟……这样单调的钟声令人们开始骚动起来，他们希望大师说点儿什么，便用各种方式来发泄自己的不满。但是推销大师好像根本没有听见人们在喊叫什么，仍然一小锤一小锤不停地敲着，人们开始离去，最后只有少数几个人留了下来。后来留下的人们也喊累了，会场又安静了，只能听到"铛铛"、"铛铛"的敲击声，又一个20分钟过去了，突然前排的一个人尖叫道："球动了!"

霎时间，人们聚精会神地看着那个铁球。那个巨大的铁球以很难察觉的幅度摆动着，而推销大师仍在继续敲着。终于，铁球在一锤一锤地敲打中越荡越高，它拉动着那个铁架子"哐哐"作响，在场的每一个人都震撼了。

一阵热烈的掌声爆发出来，推销大师收起小锤说了一句话："你们都想知道我成功的经验，今天我告诉你们——在成功的道路上，要有足够的耐心去忍受寂寞，等待成功的到来，否则你就只能面对失败。"

在这场别致的演讲中，推销大师为我们上了生动的一课。静下心来，隔绝纷繁，承受寂寞的考验，我们的心灵会沉静似浩渺的水域，我们会变得更加沉稳、睿智，进而获得人生珍贵的宁静。

坚守寂寞不是因为懦弱而躲藏，更不是因为害怕而放弃，而是不被喧嚣俗物所污浊的单纯，更是一种不动声色的蓄势。正如猛兽在捕猎之前都要静悄悄地占据一个有利地形，然后耐心地等待最合适的时机，一蹴而就。

你看，飞舞的蝴蝶是美丽的，那种美丽是因为曾经在厚厚的茧壳中，蛹在黑暗与无助的寂寞中默默地等待挣扎，才会为自己迎来了这份自由灿烂的美丽；鲜艳的花朵是美丽的，那是因为泥土中的种子在寂寞的时光中悄然地舒展着生命，等待着温柔的春风与细雨，给它有了重生的希望。

翻看那些名人的成功史，我们也会发现"古来圣贤皆寂寞"。试想，如果没有不被重用、被贬流放的寂寞，屈原能完成千古绝唱《离骚》吗？如果没有壮志难酬、避世隐居的寂寞，陶渊明能创造"采菊东篱下，悠然见南山"的绝唱吗？

留一段云淡风轻的寂寞，不被喧嚣的俗物所污浊，让人生少些浮躁和媚俗，多些平静和安详，始终保持积极向上的心态，"十年面壁"、"十年磨一剑"、"十年寒窗"的最后结果应该是"大彻大悟"，是"剑一出鞘，谁与争锋"，是"一举成名天下知"。

寂寞让浮华归于沉寂，它是一种远离喧嚣、超凡脱俗的美丽，需要极大的智慧和定力。如果你是男人，就应是一座山，一座甘于寂寞而又伟岸的山；如果你是女人，就应是一条河，一条甘于寂寞而又温柔的河。

冰雪掩梅梅自香，何恐寂寞，终归会有人寻芳而至。而没有底蕴的人，再如何聒噪宣扬，也不会有人问津。做甘于寂寞散发梅香的人，还是聒噪一无是处的人，左右着你将来的命运，你做好选择了吗？

只在玉堂深处

挫折是人生的常态，
遭遇挫折不应一味地放大痛苦让其充塞心灵，
应学会调适心境，坦然面对。

　　晚年遭受贬谪的苏轼面对人生的挫折，洒脱地吟出："莫听穿林打叶声，何妨吟啸且徐行。竹杖芒鞋轻胜马，谁怕？一蓑烟雨任平生。"正视挫折、淡化苦痛的平和心境，磨炼了苏轼的豪放词风。实际上，苏轼用象征手法写出了自己在突如其来的政治风雨面前内心的坦荡与气度的从容。

　　苏轼（1037~1101年），字子瞻，号"东坡居士"，北宋眉州眉山（今四川眉山）人，是宋代著名的文学家、书画家。他与父亲苏洵、弟弟苏辙皆以文学名世，世称"三苏"，与汉末"三曹"（曹操、曹丕、曹植）齐名；与黄庭坚、米芾、蔡襄被称为最能代表宋代书法成就的书法家，合称为"宋四家"苏氏四门生为：秦观、黄庭坚、晁补之、张耒。

　　嘉祐元年（1056年），虚岁21的苏轼首次出川赴京，参加朝廷的科举考试。翌年，他参加了礼部的考试，以一篇《刑赏忠厚之至论》获得主考官欧阳修的赏识，高中进士。

嘉祐六年（1061 年），苏轼应中制科考试，即通常所谓的"三年京察"，入第三等，授大理评事、签书凤翔府判官。后逢其父于汴京病故，丁忧扶丧归里。熙宁二年（1069 年）服满还朝，仍授本职。

苏轼几年不在京城，朝廷里已发生了巨大的变化。宋神宗即位后，任用王安石开始变法。苏轼的许多师友，包括当初赏识他的恩师欧阳修在内，因在新法的施行上与新任宰相王安石意见不合，被迫离京。朝野旧友凋零，苏轼眼中所见的已不是他 20 岁时所见的"平和世界"。

苏轼因在返京的途中见到新法对普通老百姓的残害，故很不同意宰相王安石的做法，认为新法不能便民，便上书反对。这样做的一个结果，便是像他的那些被迫离京的师友一样不容于朝廷，于是苏轼自求外放，调任杭州通判。

苏轼在杭州待了 3 年，任满后，被调往密州、徐州、湖州等地，任知州。

这样持续了大概 10 年，苏轼遇到了生平第一桩祸事。当时有人故意把他的诗句歪曲，大做文章。元丰二年（1079 年），苏轼到任湖州还不足 3 个月，就因为作诗讽刺新法，以"文字毁谤君相"的罪名被捕下狱，史称"乌台诗案"。

苏轼下狱后生死未卜，在等待最后判决的时候，其子苏迈每天去监狱给他送饭。由于父子不能见面，所以早在暗中约好平时只送蔬菜和肉食，如果有死刑判决的坏消息，就改送鱼，以便心里早做准备。

苏轼坐牢 103 天，几次濒临被砍头的境地。幸亏北宋在太祖赵匡胤年间即定下不杀言官、士大夫的国策，苏轼才算躲过一劫。

出狱以后，苏轼被降职为黄州团练副使（相当于现代民间的自卫队副队长）。这个职位相当低微，而此时苏轼经此一狱，已变得心灰意懒，在办完公事之后便带领家人开垦荒地，种田帮补生计。"东坡居士"的别号便是他在这时为自己起的。

宋神宗元丰七年（1084年），苏轼离开黄州，奉诏赴汝州就任。由于长途跋涉，旅途劳顿，苏轼的幼儿不幸夭折。汝州路途遥远，且路费已尽，再加上丧子之痛，苏轼便上书朝廷，请求暂时不去汝州，先到常州居住，后被批准。当他准备南返常州时，宋神宗驾崩。

宋哲宗即位，高太后听政，新党势力倒台，司马光重新被起用为相。苏轼于是以礼部郎中被召还朝。在朝半月，升起居舍人，3个月后，升中书舍人，不久又升翰林学士。在此期间，苏轼处在人生的顺境之中，但依然坚持他的淡泊。"人在玉堂深处"时，却怀念黄州东坡雪堂"手种堂前桃李，无限绿阴青子"；他还告诫自己说："居士，居士，莫忘小桥流水。"元祐六年（1091年）三月，自杭州知州入为翰林学士承旨时作《八声甘州·寄参寥子》词，偏要表白自己："谁似东坡老，白首忘机。"苏轼的这种在顺境中淡泊自守的品格难能可贵。

俗话说："京官不好当。"当苏轼看到旧党势力拼命压制王安石集团的人物及尽废新法后，认为其与所谓的"王党"不过一丘之貉，再次向皇帝提出谏议。

苏轼至此是既不能容于新党，又不能见谅于旧党，因而再度自求外调。他以龙图阁学士的身份再次到阔别了16年的杭州当太守。苏轼在杭州进行了一项重大的水利建设，疏浚西湖，用挖出的泥在西湖旁边筑了一道堤坝，这就是著名的"苏堤"。

苏轼在杭州过得很惬意，自比唐代的白居易。但元祐六年（1091年），他又被召回朝。但不久又因为政见不合，被外放颍州。

元祐八年（1093年）新党再度执政，他以"讥刺先朝"的罪名被贬为惠州安置，再贬为儋州（今海南省儋州市）别驾、昌化军安置。徽宗即位，调廉州安置、舒州团练副使、永州安置。元符三年（1100年）大赦，复任朝奉郎，北归途中，卒于常州，谥号文忠，享年66岁。

的确，苏轼的一生曾有人用"霉"字以蔽之，甚至上升到风水上面，说他是"生在眉山，倒了霉运"。对于苏轼这样一个做过大官的文学天才，而且在北宋无人不知、无人不晓，一贬再贬的仕途怎一个"霉"字了得。但苏轼之所以是苏轼，不仅在于他有"大江东去浪淘尽"的豪放，更重要的还在于他有"一蓑烟雨任平生"的洒脱。虽然被贬官，写出来的词却极少有幽怨之作，依然是那么地豪气冲天，对待生活还是那么积极，这也看出他人生境界的高远。

守得雪消冰融

处于人生的低谷时期，寂寞最难耐。
用一份坚持、一份信念去对抗寂寞，
寒冰终能化作春水。

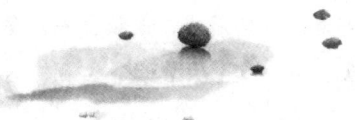

要卓越成就离不开孤独和寂寞的淬炼。即使平凡，只要你能够耐得住寂寞，在寂寞中不断地奋斗，终有一天，你也会发出属于自己的光芒。

因为出生时恰逢 8 年抗战胜利之时，所以父亲就给他取名凌解放，谐音"临解放"，寓意期盼全国能够早日解放。果然，没几年全国就迎来了期盼已久的解放。全国是解放了，可是凌解放的父亲和老师们可伤透了脑筋。凌解放贪玩不爱学习，成绩太差，从小学到中学不断留级，一直到他 21 岁大龄的时候才勉强高中毕业。

高中毕业后，凌解放参军入伍，成为一名支援国家建设的工程兵，驻守在山西。那个时候，他的工作就是头上戴着矿工帽，脚上穿着长筒水靴，腰里再系一根绳子，每天下到数百米深的井下去挖煤。凌解放每天在矿井里摸爬滚打，不见天日，只能和老鼠做伴，他忽然感到一种前所未有的悲凉。

他不甘心就这样稀里糊涂过一辈子，每天浑浑噩噩，于是在每次收工后，他就一头扎进了团部图书馆学习文化。刚开始不知道怎么学，他就一本一本地仔细阅读，就连晦涩难懂的大词典《辞海》都从头到尾啃了一遍。其实，关于自己将来想做什么、要做什么，他自己也不明白，他只是明白如果自己现在不努力学习，将来一定会后悔。只要自己肯下功夫、努力学习，就一定可以为自己找到一条成功的道路，改变自己的一生，否则这辈子难有出头之日。

就是靠着这样的毅力，他独自一人度过了无数个不眠之夜，硬是坚持了下来。看的书多了之后，他发现自己十分喜欢与古文有关的文献和书籍，于是他就想方设法为自己找一些这方面的书籍阅读。

有一次，他无意间发现在部队驻地附近有很多古老的破庙残碑，上面有很多文字。于是，他就利用休息时间把篆刻在碑文上的古文全部抄写下来，然后带回去潜心钻研。要知道，这些碑文上篆刻的文字既无标点符号也没有注释，而且在书本上没有任何记载，要想理解其含义必须全凭他自己下苦功夫细琢磨才行。就这样，利用仅有的几本词典，他硬是将所有石碑上篆刻的古文全部都吃透了，在不知不觉中打下了扎实的古文学基础，即使像《古文观止》一类深奥的古文献，他读起来也已经十分轻松。等他从部队里退伍时，他已经将团部图书馆的书全部读完了，这种学习为他日后的文学事业打下了坚实基础。

转业到地方后，他没有懈怠，依然坚持在部队时的刻苦好学，特别是对古文献的阅读面开始不断扩展。由于他对《红楼梦》有很深的研究，而且见解独到，古文学功底深厚，因此被吸收为全国红学会会员。1982年，他曾受邀参加了一次"红学"研讨会，加强交流。在研讨会上，各地的红学专家们从《红楼梦》谈到作者曹雪芹，又谈到曹雪芹的祖父曹寅，进而再聊到康熙皇帝的生平事迹。这时有很多红学专家感叹，在国内还没有一本专门详细介绍康熙皇帝生平的文学作品，实在是太遗憾了。这时，凌解放的脑海中突然间冒出"既然还没有人写，那我就写一本吧"的念头。

因为有着在部队自学时所打下的扎实的古文功底，所以在阅读关于康熙皇帝第一手史学资料时，他几乎没费吹灰之力。经过几年的研究和不间断地努力写作，在1986年，凌解放以"二月河"的笔名出版了自己的第一部长篇小说——《康熙大帝》。从此，他心中的创作热情被彻底激发，就如同是迎春解冻的二月河，将他的人生谱写成一条激情澎湃、奔流不息的河流。

在人生的低谷中，保持一份孤独和寂寞就是在默默地为自己存储力量，在深渊中的潜龙必定是孤独寂寞的，只有这样才能渐渐地壮大自己。低谷中的寂寞是一种坚持、一种信念、一种暗藏的蓬勃向上的潜力。

守得云开见月明

是金子，
无论它被藏到泥土里有多久，
迟早会被发现，
并最终闪闪发光的。

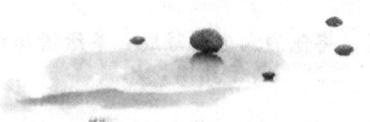

　　不被理解是每个时代的天才所共有的命运，就像蝴蝶蛹总是被虫蚁嘲笑一样。但是没有必要为此而悲伤失望，更无须反驳辩解，因为时间会证明一切，当这段寂寞孤独的时光走过，拂去尘埃的金子总会发出耀眼的光芒。

　　惠特曼被誉为美国最伟大的田园诗人，他的第一本诗集《草叶集》在世界各地都有译本，畅销不衰。但在最初时却没一个出版商愿意发行这本书。

　　1854年，惠特曼从事新闻记者工作，并兼职在印刷厂上班。当《草叶集》完成时，他询问了许多出版商，但他们都表示毫无兴趣。他只好请求印刷界的朋友帮助，好不容易才出版了薄薄的一本小书。

　　没有人对这本好不容易出版的《草叶集》感兴趣，赠送出去的数量远远大于销售的数量，惠特曼甚至有些夸张地说："一本也没有卖出去。"还有一位文学编年史家把这本书的销售状况描述为美国文学史上最大的失败，可想而知其凄惨的情形。

不单是销售失败，一些文学评论家对《草叶集》的负面评论也很多。但是，这些挫折与打击都没有击倒惠特曼，他仍坚守着热爱自由、赞美大自然的本性。他的这些不妥协的作品慢慢成为文学精英人士谈论的话题，也使得初版时赠阅出去的《草叶集》不断流传。

1860 年，波士顿一家出版社写信给惠特曼，希望出版他的诗集，因此，增加了许多新作的《草叶集》出版了。这次的销售情况比以前好多了，几年后，各种不同版本的《草叶集》被不断地出版发行，销售也越来越好，人们逐渐理解了惠特曼在诗中所要表达的情感，越来越多的人开始喜欢惠特曼的诗。

由此我们明白，要永远对自己抱有信心，并且不因别人的曲解和非难而改变自己的初衷，坚持自己的梦想，并努力把它变成现实。要始终信任自己、接纳自己，如此，最终别人也一定会接纳你、欣赏你。是金子，无论它被藏到泥土里有多久，迟早会被发现，并最终会闪闪发光的。

在未被理解之时，我们要学会忍耐，要不断地鼓励自己，别太在意别人的嘲笑，要能够抵抗挫折，不轻易承认失败。在困难的时候再努力挺一挺，再坚持一下……

心幽品茶香

烦恼重的人，芝麻绿豆大的小事都会令他们烦恼，
想解脱的人，天大的事都束缚不了他们。

一个小和尚在一座寺院修行 3 年，自觉没有长进，他对师父诉说自己的困惑："师父，我每天都在读佛经，一有时间就思考佛理，为什么觉得自己没有任何进步？"

师父说："在说这个问题之前，我们先喝一杯茶吧。"说着，师父亲自为小和尚的茶杯斟满茶水。眼看茶水溢了出来，小和尚说："师父，水溢出来了，杯子已经满了。"

"不，杯子没有满，还能继续倒。"师父说，继续倒茶。

"杯子已经满了，怎么能再容纳茶水呢？"小和尚说。

"那么，你的脑子已经满了，哪里还能容纳新的东西？"师父反问。

小和尚恍然大悟，说："原来我心里装不进东西，是因为它已经满了。我还没有消化，就想要新的东西，欲速则不达，难怪没有进步。"

人总是希望心灵能够宁静祥和，又害怕一成不变的生活，就算是修禅的

人也渴望每天都能看到自己的进步。但是，欲速则不达，小和尚把自己的大脑装得太满，就成了一个密闭的容器，不但装不了新东西，连旧的东西都无法正常流动，思维也就出现了钝化，难怪没有进步。

如果把人生比作一壶香茶，我们每个人都在滚水般的困境中历练，才能散发出香气。人生的价值应该是外向的，所以我们应该学着奉献，自己就像茶水倾倒供人解渴。同时还要记得不要装得太满，这样才能填充新的东西，补充新的滋味。

比起肉体的衰老，精神上的停滞更加可怕。一旦思维困在某个角落，那么眼睛就不会注意其他东西，脑子全围绕着一个东西转动，最后成了钟表上的时针，机械呆板，再也没有新意，这就是"痴"的代价。如果能给心灵留点儿空间，在这个空间里，我们可以站得高一点儿，想得深一点儿，看得远一点儿。也只有在这个空间，你才能够察觉自己有远离尘嚣的一面。

张黎和徐青是一对好朋友。大学时，她们在不同的宿舍，学不同的专业，每周见几次面，每次见面都要给对方一些小礼物，还有说不完的话。她们觉得对方就像自己的亲姐妹一样，只盼望毕业后两个人能够住在一起，朝夕相处。

毕业后，张黎和徐青终于能够搬到一起，没想到，她们的相处并不是那么理想。两个人住得近，矛盾就多，难免挑剔对方，发生口角。终于有一天，两个人吵翻了，张黎嚷嚷着说要搬家。一位师姐听说这件事后，说："以前你们两个好得像是要穿同一条裤子，怎么毕业没多久就吵翻了呢？距离产生美，你们不用搬家，只要不住在同一间房里，保证没事。"

张黎和徐青没有搬家，只是住到了不同的房间。二人有了各自的空间，关系果然缓和了不少，依然是很好的朋友。

常言道："距离产生美。"这句话是与人相处的至理。两个人一旦太接近，缺点就会暴露无遗。不在一起的时候，想到的都是对方的好；朝夕相处之后，看到的都是对方的不好。不要小看人的挑剔，如果人一开始就能懂得宽容，又怎么会有那么多人提倡修禅养心?

与他人保持一定的距离并不是件坏事，一朵花远远看着是美丽的，不必非要凑到跟前，连它被虫子咬得黑乎乎的窟窿也看个一清二楚，既让你不愉快，也让它难过。

人也应该与世界保持一点儿距离，才能给自己留下转身的空间。与世界保持距离，就是什么事都不要做过头。小说电影里总在重复人生的痴迷，但要记得只有清醒的人才能把握生命，我们都免不了一时痴迷，但到一定程度就要懂得收敛，才有机会获得真正属于自己的东西。

照相的人都有这种体会：镜头只有调到不远不近时，拍出的相片才是最美的。人的生活也是如此，通晓事理的人应该从容地调整自己的镜头，不必那么急迫，放下执念，让心灵始终有个宽阔的所在，在充满禅性的悠然自得中，自有最美的一瞬。

第三章

清溪浅水行舟，微雨竹窗夜话

——慢下来，把悲观酿成诗

月有阴晴圆缺，人有悲欢离合。人生旅途漫漫，没有人能够一直如意，都免不了要经历挫折和打击。面对人生的众多不如意，需要我们打开心扉，让乐观的阳光照射进来。要拥有"清溪浅水行舟，微雨竹窗夜话"的情怀，处变不惊，笑看云开日出。

面朝大海，春暖花开

挫折和磨难并不可怕，
只要怀揣希望，定能成功。

很多时候，我们的生活会陷入一种"绝境"中，这种绝境会让我们心灰意冷，绝望到失去了生活下去的勇气，就像是世界末日将要来临一般。

但是，事情的发展也并非就是绝对的，绝望中有时也会孕育着无限的生机，让人萌生希望。只要你还拥有希望，你就不是一无所有。因此，当你在绝望的时候一定要抱有一种不绝望的心态——不肯低头，拥有希望。只要拥有了这种心态，那么不管在什么情况下，你都可以勇敢地走向前方，拥抱幸福快乐的生活。

中国台湾女作家杏林子在童年时是一个非常美丽可爱的女孩子，12岁那年，突然患上了"类风湿关节炎"，这是一种免疫系统失调的病，身体的关节会不断地受到侵蚀并发炎，现今的医学还无法完全治疗好这种病。自从杏林子得了这种病以后，她时时刻刻都在痛苦中苦苦挣扎，数十年来，她躺在病床上，生活完全无法自理，行走也只能依靠轮椅，连睡觉的时候都要戴上呼吸器。

这种身体上的剧烈疼痛让杏林子的身心疲惫到了极点,多少次,她都想就这样停下来放弃一切。可是内心深处却总有一个声音在督促她前进。她深深地明白,前进也许还有一线生机,而放弃却只有死路一条。不能选择死,那就只有选择继续生活下去。

从这以后,她不再整日唉声叹气,开始积极地面对生活,生命也焕发出新的生机,孕育出了新的希望。于是,她开始全身心地投入到写作当中,用手中的笔来抒发内心的情感。就这样,一个长期深受病痛折磨(这个病持续了 48 年)、只有小学文化程度、连拿笔写字都非常困难的杏林子从 34 岁开始写作直至去世,在整整 26 年里共创作了散文、剧作等作品共计 80 多部。她除了拥有一大批忠实的读者以外,还深受文学界大师们的好评,看过她作品的人,都被书中的内容深深激励和鼓舞着。

这么多年来,尽管杏林子的生活苦不堪言,可她并没有放弃,她也并非一无所有,她依靠着心中的希望勇敢地生活了下去,给无数人树立了好榜样。

"行到水穷处,坐看云起时。"在人生漫长的旅途上,很多时候,我们真的以为自己走到了绝境,其实,这说不定正是人生的一个转折点。的确,人生的境界就该如此。在人生的旅程中,我们只顾埋头前行,走到后来才发现自己陷入一种绝境之中,前方已经没有路可以让我们继续走下去。

这个时候,悲观、绝望的心情就会无限滋生,那么,我们到底该如何去面对呢?不如先往四周或者回头看一看,也许还会有另外一条路可以到达终点,即使已经无路可走了,也不妨先抬头看看天上的云卷云舒,虽然深陷绝境中,但心灵还可以无限畅想,还可以很自由、很快乐地欣赏大自然,体会宽广深远的人生境界。于是，内心深处便生出一丝希望来，你再也不会觉得自己一无所有、已走到了人生的穷途末路。

有这么一个成语叫"绝路逢生"，意思就是只要还拥有希望，肯用心去想、去做，就一定可以想出一个办法来，再通过积极主动地奋斗，就能够走出困境，获得成功。

这个世上原本就没有什么绝境，关键就看你有没有一个良好积极的心态。只要你心中还拥有希望，你就能从一粒沙中看见整个世界，从一朵花中看见整个春天，通过对当前局面的仔细分析比较找到自己的优势和希望所在，就可以做到转危为安，找到新的出路。

曾经有一位作家在股票交易中损失惨重，顿时负债累累，生活状况也一下子从锦衣玉食跌到贫困潦倒。然而，他并没有放弃，开始节衣缩食，勤奋创作，希望能够依靠赚取到的稿费去偿还那些债务。他的朋友们为了帮助他渡过难关，开始组织募捐，很多人都慷慨解囊，一些有名的大公司、大集团也纷纷出高价请他写广告词……可他统统拒绝了。他把自己关进书房里，一个月、两个月，一年、两年，就这样日复一日、年复一年，他始终坚持着一个信念，他创作出来的一本又一本新书在当时都引起了极大的轰动。很快，他就偿还了所有的债务，并开始过起了全新的生活。

这位作家就是世界著名的大作家马克·吐温，他用自己的亲身经历告诉我们：只要拥有希望，坚持心中的信念，就一定可以达到目标。所以，无论你的情况变得有多糟糕，你都不可以失去信心，都要相信一定会有时来运转的机会。

古语有云："自古英雄多磨难。"一个普通人之所以成为一个领域或者一个时代的英雄，是挫折和磨难激励了他们，因为英雄和普通人最大的区别就在于：英雄不会在困境中退缩，在绝境中放弃，而是始终抱有希望，他们坚定地告诫自己并不是一无所有，只要拥有希望，就一定能够取得成功，并在困境中磨炼自我，在绝境中证明自我，从而书写了一篇充满励志的篇章。很多时候，只有当我们深陷绝境，内在的潜力才会得以勃发。只要心中还有希望，希望就会带我们走向更高、更远的地方。

阳光总在风雨后

信念是一针强心剂，

能让你击退挫折，转败为胜。

有了信念，才能叩响命运之门。

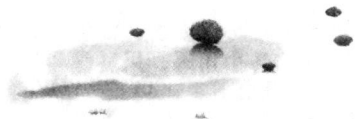

　　美国芝加哥有一个名叫迈克的人在 10 年前生了一场大病，等到他康复以后，却又发现自己得了肾脏病。于是，他开始四处寻找医生医治，甚至还去找过巫医，可是谁都没有办法医好他。

　　没过多久，迈克又被发现患上了另外一种病，血压也随之高了起来，他赶忙去医院检查，但是医生告诉他已经没救了，只要患上这种病就意味着离死亡不远了。同时，还建议他赶紧准备好自己的身后事。

　　迈克只好万分悲痛地回到了家中，并写下了遗嘱，然后就开始向上帝忏悔自己以前所犯下的各种错误，并一个人坐在书房难过地陷入沉思当中。家里人看到他那种伤心痛苦的样子，也都感到十分难过。

　　就这样，一个星期过去了。一天，迈克突然对自己说："你到底怎么了？你现在这个样子简直就像个傻瓜。你在未来的一年恐怕还不会死，既然这样，那为什么不趁现在活着的时候让自己过得快乐一些呢？"

从这以后，迈克开始积极地面对生活，脸上也开始绽放出笑容来，并试着让自己表现出轻松愉快的样子。刚开始的时候，迈克很不习惯，但是他还是努力强迫自己变得很快乐。紧接着，他开始发现自己感觉好了许多，几乎和他所装出来的一样好。这种现象让迈克感到十分开心，也越发让他有信心起来。一年以后，迈克不仅没有死，反而活得十分健康和快乐，甚至连血压也降下来了。

"有一件事情我可以非常肯定的是：假如我一直想到自己会死去的话，那么那位医生的预言就会实现。但是，我给了自己一个积极健康的心态，给自己的身体一个自行康复的机会。做任何其他的事情都是没用的，除非我先不悲观，先开朗起来。"迈克非常自豪地说。

是的，迈克现在之所以还活着，是因为他并没有被病痛的折磨和打击给击倒，他给自己树立了一个康复的信念，从而让他可以很快地从悲观的心态中走出来，积极地面对生活，最终让自己的人生获得了转机。

一个极为乐观的人能够做到自我激励，能够寻求到各种方法去实现自己的目标，在遭遇困境和磨难的时候做到自我安慰，树立积极良好的心态。

麦特·毕昂迪是美国有名的游泳运动员。1988 年的时候，他代表美国参加奥运会，被大家一致认为是极有希望继 1972 年马克·史必兹之后再夺 7 项金牌的人。但是，毕昂迪在第一项 200 米自由式的游泳比赛中竟然只取得了第三名，并在随后的第二项 100 米蝶泳比赛保持领先的情况下，硬是在最后 1 米的时候被第二名赶超，从而与金牌失之交臂。

当时许多人都认为毕昂迪两度丢失金牌将会影响到他后来的表现。可谁也没想到，他在后 5 项比赛中竟表现得异常出色，接连夺得 5 项冠军。对于这一切，宾州大学心理学教授马丁·沙里曼并没有感到意外，因为他在同一年的早些时候曾经给毕昂迪做过一个乐观影响的实验。

实验的方式是在一次游泳表演之后，毕昂迪表现得非常不错，但是教练却故意告诉他他的成绩很差，并让毕昂迪稍作休息之后再表演一次，结果他表现得更加出色，参与同一实验的其他队友却因此影响了成绩。

2008 年的北京奥运会上也曾出现过同样的一个情形，津巴布韦游泳名将考文垂在参加的 3 项比赛当中，前两项都获得了银牌，特别是在第二项比赛中，她在预赛的时候甚至还打破了世界纪录，但是却在最后的决赛中输给了竞争选手。

在第三项比赛开始之前，考文垂身上背负着巨大的压力，所有的津巴布韦人民都希望她可以为他们的国家夺取一枚金牌，考文垂是他们心里唯一的希望。在压力和失败面前，考文垂没有选择退缩，她仍然保持着乐观的心态，坦然面对所有的人。最后，她果然没有让大家失望，在女子 200 米自由泳中勇夺金牌。

从这个故事中，我们深深地体会到：一个拥有信念并抱有积极乐观心态的人在面临困境的时候是不会被失败和挫折打倒的。他们始终抱有一种信念，相信事情一定会有好转。要知道，只有拥有一个乐观的心态才可以让陷入困境的人不再感到冷漠、无力和沮丧，并最终取得成功。

通常，乐观的人会认为失败是可以改变的，结果反而会转败为胜。而悲观的人却会认为一切都已注定，自己已无力改变，唯有认命。不同的解释会对人生的选择造成不同的影响。

心理学家曾经做过一个"半杯水实验"，这个实验就比较准确地检测出了乐观者和悲观者的情绪特点。悲观者在面对半杯水的时候，会说："我就只剩下半杯水了。"而乐观者在面对半杯水的时候却会说："哇，我还有半杯水呢！"由此可见，对于乐观者来说，外在的世界总是处处充满了光明和希望。

所以，当我们在遭遇困境的时候，千万不要过度悲观地去看待问题，而应坚持自己内心的信念，并抱着积极乐观的心态，相信这样，你就一定能够走向胜利的终点。

迎接风雨后的彩虹

世界上到处都有不幸之人，
你该庆幸自己不是最不幸的那一个。

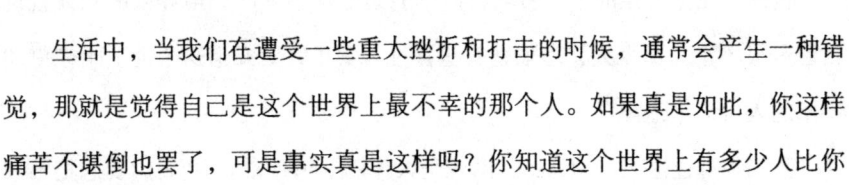

　　生活中，当我们在遭受一些重大挫折和打击的时候，通常会产生一种错觉，那就是觉得自己是这个世界上最不幸的那个人。如果真是如此，你这样痛苦不堪倒也罢了，可是事实真是这样吗？你知道这个世界上有多少人比你更加不幸吗？

　　有一位老人，他的儿子忽然意外死去了，他感到非常伤心痛苦，终日沉浸在痛苦中无法自拔。他去向神父祷告，问有没有一种办法可以让他的儿子复活。神父看了看这位老人，然后说："我可以满足你的请求，但是前提是你必须先拿一个碗，一家一家地去乞讨，如果你发现有一家没有死过人，你就让他给你一粒米，等你讨够了 10 粒米，我就会让你的儿子复活。"

　　老人听完以后便赶忙出去乞讨，可是一路走来居然发现没有一家是没有死过人的，到了最后，他竟连一粒米都没有乞讨到，于是，他恍然大悟：亲人离世原本就是任何一家都避免不了的事情。

当老人发现自己并不是自己想象的那个最为不幸的人时，他找到了他人生的平衡，并逐渐地从痛苦中走了出来。有一位哲人曾经说过，苦难会让你的人生更有意义。当你明白了这点，你就会对痛苦抱着一颗平常心了。从客观的方面来说，生活中既包含了鲜花、欢乐和阳光，同时也有着挫折、打击和痛苦，就好比古人所说的那样："月有阴晴圆缺，人有悲欢离合。"

在漫长的人生道路上，每个人的一生都不可能总是一帆风顺、事事如意，难免会遇上一些挫折、打击和不幸，只不过有的人会相对顺利多一些，而有的人会相对挫折多一些，但是总是一帆风顺的人却是不存在的。

也许，在你人生的某一阶段，你可能是非常不幸的，但如果因此你就说自己是最不幸的那个人，恐怕就有些言过其实了，要知道这个世上比你更加不幸的人可谓比比皆是。

我们都听过这么一句话："困难是人生的一笔财富。"可是，要想把困难变成财富是要具备一定条件的，而这个条件就是你勇敢地战胜了苦难并不再受苦。只有这样，苦难才会变成一笔值得骄傲的人生财富。等到将来，你再说起曾经的那番困难时，你就不会感到自卑和难过，反而会有一种豪气。同样，当别人听说了你的苦难以后，也不会觉得你是在一味地诉苦，而觉得像是在听一个励志的传奇故事，不仅不会同情、可怜你，反而会尊敬佩服你。但是，如果你总是没办法走出苦难，并且只会一脸哀愁地四处向人诉苦，那么你就会成为鲁迅笔下的那个"祥林嫂"了。

很多时候，人们往往都喜欢将苦难认同为不幸，因此怨天尤人，失去了人生的斗志，最终败在了苦难的面前，结果苦难就真的转化为不幸。我们必须明白，我们所遇到的苦难只是我们生活的一部分，是生活复杂性的一种表现形式而已，既然逃脱不掉，那就学会勇敢面对。只有最终战胜了苦难，才会获得人生更大的幸福。因为困境或磨难对弱者来说是致命的打击，可是对强者来说却是奋发向前的动力。

因此，有人说："快乐并不在于你得到了什么，而在于你能够从不幸中寻求到一份平衡，正确看待自己的不幸，并从中解脱出来，这才是一种最高级别的快乐。"

有一位年轻美丽的姑娘在一次意外的车祸后，不幸在脸上留下了一道难看的疤痕，原本与她相爱准备结婚的男友也因此离她而去。从那以后，在她的眼里，生活已经没有任何意义了。在一个周末的清晨，她悄悄地走出了家门，打算到附近的公园里找一个安静的地方结束自己的生命。

她精神恍惚地走在公园的小道上，无意间，她看到身后走来了一对夫妻。妻子失去了双腿，坐在轮椅上面，而推着轮椅的丈夫却是一个盲人，戴着一副大大的墨镜。丈夫推着妻子，很快地就走到了前面。前面的道路正在翻修，所以坑坑洼洼，轮椅经过的时候开始不停地颠簸摇晃。见此，姑娘非常担心，害怕这对夫妻会不小心跌倒受伤，于是就赶忙加快脚步跟在他们后面，希望自己能帮上忙。

清晨的太阳渐渐地升上了天空，这对夫妻也停了下来，妻子情不自禁地拉起丈夫的手指向了太阳升起的地方，开心地说："你快看，今天的太阳又大又圆，真美啊！"丈夫满脸笑容地仰起头，朝着东方看去，久久地凝望着，一脸的幸福和满足在清晨阳光的照射下显得格外沧桑。"真好，我还有一双眼睛可以看到这世上美好的一切。"妻子动情地说。"是啊，真好，我还有健全的四肢，可以推着你看这美丽的朝阳和所有美好的事物。"丈夫开心地回应着。

此时此刻，仿佛整个世界都沉浸在这种温馨和宁静的美好之中，原本不幸的人生，因为他们对生活的挚爱而变得格外美好。姑娘也一下子醒悟了过来，她忽然发现生命是这样美好，自己身上的这点儿不幸和他们比起来又算得了什么呢。

　　在我们的生活中，那些最不幸和最幸运的人往往只是占据了极少数的一部分，而大多数的人通常都是处于中间的状态。在某一段的时间和范围内，你很可能是最不幸的那个人，但要是换在大范围内，你所遇到的这件事和其他人相比也许根本就算不了什么。痛苦是人生的一种体验，每个人都会有着不同的体验和感受。只要你把握了其中的平衡点，那么你就不是那个最不幸的人。

找寻黑暗背后的繁星

人生中的好事总比坏事多，
不要只注意到坏事，
要把精力集中在好事上，才能够快乐。

一个杯子从侧面看会是个长方形，从上面看会是个圆形。同样，每个人的生活也正如一个杯子一样，很多时候只要换一个想法、换一种心情或者是换一个角度，那么，同样的际遇就会给人带去不一样的影响。

安娜是一位年轻美丽的美国女人，刚结婚不久就随着丈夫到沙漠腹地参加军事演习。她独自一人留守在一间集装箱一样的小铁皮屋里，这里天气酷热，四周生活的也都是印第安人和墨西哥人，他们都不懂英语，所以无法和安娜进行交流。安娜感到十分孤独无助、焦躁难安，于是她写了一封信给自己的父母，告诉他们自己想要离开这个地方。

很快，安娜的父亲就给她回了信，信上只写了一行字："两个人同时从牢房的铁窗口向外看，一个人只看到了满地的泥土，而另外一个人则看到了满天的繁星。"

刚开始的时候，安娜并没有理解父亲信中的含义，在反复读了好几遍以后，她才感到十分惭愧，于是决定留下来在这片沙漠中寻找属于自己的那一片"繁星"。安娜不再像以前那么悲观消沉了，她开始积极地和当地人交往，学习他们的语言和风俗文化，她非常热爱当地的陶器和纺织品。由于安娜待人十分热情友好，所以当地人都愿意将自己珍藏已久的陶器和纺织品送给她作礼物。

这一切，都让安娜十分感动，同时也让她的求知欲与日俱增。她开始积极地投入研究沙漠植物的生长情况，甚至还掌握了有关土拨鼠的生活习性，并观赏起沙漠的日出日落情况，等等。

如此一来，原先缠绕着安娜的那些悲观和孤独也开始逐渐消失，取而代之的是积极地冒险和不断地进取。后来，安娜将自己的一些新发现和感触写成了一本书，两年后，这本名叫《快乐的城堡》的书出版了，安娜终于通过自己的努力找到了属于自己的那一片"繁星"。

其实，原先的沙漠没有变，当地的居民也没有变，变的只是安娜个人的人生视角。视角不同也会让一个人变成另外一个人，并让人生也跟着不同。

有一对孪生的小姑娘一起走进了一座玫瑰园，没过多久，其中一个小姑娘哭着跑了出来，对妈妈说："这个地方坏透了，虽然里面有很多花，可是每朵花的下面都长有刺。"没多久，另外一个小姑娘也来到了妈妈的面前："妈妈，妈妈，这个地方简直太棒了，每丛刺中都长有许多美丽的花。"

乐观的人说："夜色越是黑暗，星星也就越发明亮。"悲观的人说："星星愈是明亮，说明夜色愈是黑暗。"

世间的万事万物都是存在多面性的，既有好的一面，也有不好的一面，关键就是要看你会从哪个角度去观察。假如你看到的是事物积极美好的一面，那么你的心情就是快乐的；相反，你总是看事物中不好的一面，那么你的心情也会是痛苦和沮丧的。

古语有云："人生不如意事十之八九。"在日常生活中，我们难免会遇到一些挫折和打击，但是只要保持一种乐观开朗的态度、积极向上的想法、心平气和的心境，换一个视角去看待问题，那么你的生活将会呈现出一幅晴朗明媚的局面。

英国文学史上最颓废的厌世主义者约拿丹·史威佛特每次在过生日的时候都会穿一身黑衣，并在餐桌上摆满了素食，以此表示对自己的出世感到遗憾。即便如此，他也依然热情地赞美幸福与快乐是促进健康的重要力量。

杰克和皮特是认识多年的好朋友。杰克如今住在纽约城内，曾经是皮特的演讲经纪人。一天，杰克在芝加哥碰见了久未见面的皮特，就好心好意地带皮特回到了纽约的一座农场。途中，皮特问杰克如何才可以消除忧虑，于是杰克就给皮特说了下面这样一个令人难忘的故事。

"我曾经是一个非常忧虑悲伤的人，"杰克慢慢地说道，"但是，10 年前的一个春天，我走过纽约城内的一条街道时，有个情景让我一下子消除了所有的忧虑。整个事情发生的过程只有短短十几秒钟，可就是在一刹那，我对生命的意义有了全新的了解，这一切要比前些年所学到的还要多。最近这两年，我在纽约城内开了家杂货店，由于经营不善，不仅花光了我所有的积蓄，甚至还为此欠下了一大笔债务，估计要花上五六年的时间才可以偿还。我刚刚在上个星期六停止了营业，准备去银行贷款，以便在芝加哥再重新找份工作。我觉得自己是一个很失败的人，失去了所有的信心和斗志。

"忽然间，我看到有个人从街道的另外一头走了过来，那个人没有双腿，只是坐在一块安装着溜冰鞋滑轮的小木板上面，两只手各用木棍支撑着前行。他慢慢地横过街道，轻轻地提起小木板打算登上路边的人行道。就在那一刹那，我们的视线相遇了，可是他对我报以坦然的一笑，并非常有精神地向我打了声招呼：'早安，先生，今天的天气真好啊!'我看着他，忽然意识到自己是多么地富有啊。我有健全的双足，可以到处行走，为什么还要这样悲观呢？这位失去了双腿的人都可以过得如此开心，我这个四肢健全的人还有什么做不到的呢？

"我打起了精神，原本只打算去银行借100元的，可是现在我改变主意了，我非常有信心地表示我要到芝加哥去寻找一份工作。最后，我借到了钱，也顺利地找到了工作。"

从这个故事里我们能够体会到，很多时候，我们眼中所谓的痛苦和不幸其实算不了什么，只要你肯换一个视角去看一看周遭，你就会发现你并不是最不幸的那个人。

第二次世界大战的时候，有一个士兵在战争中被炮弹的碎片刮伤了喉咙，流了很多血，于是，他写了张纸条问医生："我还能活下去吗?"医生回答说："可以的。"他又接着问："那我还可以说话吗?"医生还是很肯定地回答了他。最后，这个士兵在纸条上写道："我还真幸运，那我还有什么好担心的呢?"

是啊，看完这些，你完全有理由停止自己的悲伤和忧虑，并勇敢地对自己说："我还有什么好忧虑的呢？"最后，也许你就会发现，你现在所遇到的事情根本就是微不足道的，不值得你去担忧。

在我们的生活中，很多人都会在自己一帆风顺时，觉得生活美好幸福，而一旦遇到了挫折和困境，就会觉得生活充满了黑暗，甚至还会悲观消极得如同世界末日来临了一般。所以说，个人的主观性在一定程度上影响和改变着人们的日常生活和事业。

其实，我们每一个人的身上都拥有大量的优点，而只存在些许的不足。但是问题的关键点是，你要如何发现并正确对待这大量和些许之间的关系。当你拿着自己的大量的优点和别人些许的不足进行比较时，你会由衷地发出感叹：原来我有这么多的长处，是这么幸福的一个人啊！

艾迪·瑞肯贝克和朋友一起在太平洋上悲观绝望地漂流了 21 天之后，说道："我从中学到了一点——人只要还有淡水可以喝，有东西可以吃，那么就没有什么好抱怨的了。"

在我们的生活中，同样会有大量的事情是好的，而另外少许的事情是不好的。如果你想拥有一个幸福快乐的人生，就该学会转换视角，把精神放在这大量的好事上面。

感悟酸甜，知足常乐

月满则亏，水盈则溢，
懂得满足，才会常乐，
才会幸福。

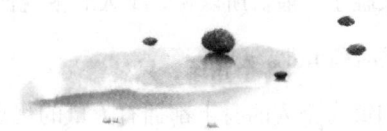

"罪莫大于可欲，祸莫大于不知足，咎莫大于欲得。故知足之足，常足。"这句话出自《老子·俭欲第四十六章》，意思是说，在所有罪恶中，没有大过放纵欲望的；在所有祸患中，没有大过不知满足的；在所有过失中，没有大过贪得无厌的。所以，唯有知道满足的人，才是快乐的人。

古语有云："月盈则亏，水满则溢。"只有懂得满足的人，才能够理解幸福，才能够在生活中获得幸福，并珍惜那份幸福。

著名中国台湾作家刘墉曾在一篇文章里这样描述幸福："旅客车厢内拥挤不堪，无立足之地的人想：我要有一块立足的地方就好了；有立足之地的人想：我要是能有一个边座就好了……直到有了卧铺的人还会想：这卧铺要是一个单独包厢就好了。"

有些人对生活的态度，恐怕也大多如同车厢内的乘客，他们总是在羡慕别人的生活。人们的生活本来就千姿百态，各有不同。"上天真是不公平啊"，有的人或许会这么说。但那其实是你没有看到自己生活中闪亮的地方，没有看到自己生活中美好的地方，所以没有足够地珍惜它们。对一个只买到站票的人来说，有坐票已经很幸福了，可是后者却还贪婪地希望有一张卧铺票。无论如何，火车的终点都是一样的，可以带我们走向目的地。

有一个女孩，她总说自己是一个固执的人。在我们现在这个社会，网络通信工具异常发达，很多人都改用电子邮件、电话、短信、微博来和朋友保持交流，但她坚持用笔在平整而富有质感的纸上写信。她之所以这么做，只是为了让朋友可以从字里行间感受到自己通过笔传来的友谊的温度。

当女孩还是一个高中生的时候，班上有个女生非常抢眼。那个女生长袖善舞，交际很广，在不同的人际圈子里都结识了很多不同的人。那时，班上的同学谈起她总是会颇为艳羡地说："呀，不知有什么人是她不认识的！"话语之间，大家充满了羡慕之情，女孩自然也是其中一个。

在那段单纯的学生岁月里，同学们几乎达成一种共识，一个人如果能够结识很多朋友，总是件很得意的事。

女孩的朋友不多，而且大都是从初中就走到一起的，所以感情一直很好。女孩也一度为自己有这样的友谊而感到骄傲。可是，青春期的女孩总是希望能结识到更多的朋友。所以，她希望能和那个女生一样，认识不同类型的人，认识各种圈子的人。虽然那些所谓"朋友"中的有些人抽烟、喝酒、打架，是让老师头疼的"另类"，可对一直在单纯的好学生堆里生活的女孩来说，那些所谓的另类同学，竟然是如此有魅力，他们吸引着她，而她甚至也有过尝试一下他们生活方式的念头。

直到有一天，女孩过生日了。那个女生送给她一张卡片，是亲手做的。上面淡淡地写着几个字："我很羡慕你。你的朋友虽少，但是情同手足；我的朋友虽多，却是形如陌路。"

女孩呆住了，很久之后，才觉得自己眼前模糊一片。

从那以后，女孩改变了对幸福的认知。她觉得自己重新懂得了满足的感觉。她不再刻意地去争取什么，不再羡慕广阔的交际圈，只是尽量做好每件事，尽量使自己身边的人快乐，尽量不去计较太多，尽量学会珍惜已有的一切。

学会满足，才会懂得珍惜。一个人学会了满足，就不会去追寻那些遥不可及的东西，才不会贪恋那些别人拥有的东西，才会把心思放在身边，放在珍惜自己的生活上。当一个人学会了珍惜自己熟悉的东西、自己拥有的东西，这些能使我们感到满足的东西才会释放出最大的幸福。

人生在世，不过百年。一个人能够得到的东西能有几何，得不到的东西却数不胜数。不要一直张望那些你没得到的东西，如果这样，你的人生一定是灰暗的。放下那些不切实际的想法，放下没来由的羡慕，尽情地享受现在所拥有的一切吧。满足的人能够明白，身边人带给你的快乐才是真理。

弘一法师淡泊处世，随缘生活。他有一条毛巾用了18年，破破烂烂的；一件衣服穿了几年了还舍不得换，缝补再缝补。有人劝他说："法师，该换件新的了。"他却总是说："还可以穿的，还可以穿的。"

出外远途旅行，他总是住在小旅馆里，不嫌弃那些地方脏乱、窄小、臭虫又多。有人看不下去，建议法师："换一间吧，臭虫那么多。"他说："没有关系，只有几只而已。"

法师平常吃饭很简单，即便佐菜的只有一碟萝卜干，他也吃得很高兴。有人不忍心地说："法师，这也太咸了吧。"弘一法师淡然地对那个人说：

"咸有咸的味道。"

没错，酸甜苦辣各有味道，知足才能常乐。学会了满足，就能更好地体会生活中的千般姿态，就更容易体察到日常生活里的万种风味，就会看到茫茫人海中总被忽略的美好。这样一来，我们才不会被贪欲占据了心房，才不会被贪欲遮掩了视线，也自然就会成为一个幸福的人。

拾起曾经灿烂的微笑

只需要将嘴角稍稍向上一扬，
一种向日葵般的阳光便折射出来。

每个人都有痛苦的时候，此时你都在想什么呢？整天愁着一张脸，甚至天天悲痛万分、以泪洗面？可这样有什么用呢？不仅浪费时间和精力，而且老天爷又不会听你的，于事无补。

那么，人如何走出痛苦呢？不妨静下心来，给自己一个阳光灿烂的微笑，用你的微笑去面对痛苦。微笑有着神奇的力量，一旦你学会了阳光灿烂的微笑，你就会发现，痛苦顿时变淡了许多，快乐就在身边。

美国有一位哲学家曾经说过："微笑对于一切痛苦都有着超然的力量，甚至能改变人的一生。"微笑，是一种一笑而过的气魄和勇气，是一种难得的镇静与豁达，如此，其性也平，其情也安，从而便少了痛苦，多了快乐。这就是微笑的力量。

的确，以开朗的微笑面对痛苦，绝对比绝望而不积极地去解除痛苦有成就感，而且比绝望更令人自信。你会惊喜地发现，痛苦如同冰山一样被消融掉了，快乐变为了生活中永恒的格调，生活充满了无限的美好。

"人，不能陷在痛苦的泥潭里无法自拔，遇到可能改变的现实，我们要往最好处努力，遇到不可能改变的现实，不管让人多么痛苦不堪，我们都要勇敢地面对。用微笑把痛苦埋葬，才能看到希望的阳光。"

这段话摘自颇有影响的作家伊丽莎白·唐莉《用微笑把痛苦埋葬》一书。伊丽莎白·唐莉曾经是一个生活在痛苦中的女人，不过后来她用微笑将痛苦埋葬，用希望代替了绝望，走过了艰难岁月，让快乐成为生活中永恒的格调。

让我们一起来看看她的故事吧。

"二战"期间，在庆祝盟军于北非获胜的那一天，家住美国俄勒冈州波特南的伊丽莎白·唐莉女士收到了国防部的一份电报：她的儿子在战场上牺牲了。这是她唯一的儿子，也是她唯一的亲人，那是她生命的全部啊。

伊丽莎白·唐莉无法接受这个突如其来的严酷事实，她的精神到了崩溃边缘。她痛不欲生、心生绝望，觉得人生再也没有什么意义，于是她决定放弃工作，远离家乡，然后找一个无人的地方默默地了此余生。

在清理行装的时候，伊丽莎白·唐莉忽然发现了一封几年前的信，那是儿子在到达前线后写给她的。信上写道："请妈妈放心，我永远不会忘记您对我的教导，无论在哪里，也无论遇到什么样的灾难，我都会勇敢地面对生活，像真正的男子汉那样，能够用微笑承受一切不幸和痛苦。我永远以您为榜样，永远记着您的微笑。"

顿时，伊丽莎白·唐莉热泪盈眶，她把这封信读了一遍又一遍，似乎看到儿子就在自己的身边，用那双炽热的眼睛望着她，关切地问："亲爱的妈妈，您为什么不按照您教导我的那样去做呢?"

"是啊,我应该像儿子所说的那样,用微笑埋葬痛苦,继续顽强地生活下去。我没有起死回生的魔力改变现实,但我有能力继续生活下去。"伊丽莎白·唐莉一再对自己这样说,并打消了背井离乡的念头。后来,她打起精神开始写作,著成了《用微笑把痛苦埋葬》这本书,一举成就了她作为一名出色作家的荣誉。

尽管遭遇了巨大的痛苦,但伊丽莎白·唐莉没有盲目地沉溺于痛苦,她静下心来,练习微笑,最终重新拾起欢笑,勇敢地投入新生活的怀抱。她的坚强与勇敢、她的豁达和乐观,深深打动了每一个人。

痛苦是我们人生路途中不能避免的一部分,就像天总会下雨一样。然而,大多数人的苦难比起伊丽莎白·唐莉来所遇到的算是小痛。看到她都能用充满阳光的微笑去面对,我们还有什么理由痛苦呢?

现在,请你对镜自视,镜子里面的那个"他"是不是皱着眉头、一脸苦相,嘴巴紧紧收缩,一副苦大仇深的样子,像是被人偷走了全部家财一样?你瞧,"他"是不是一副痛苦不堪的形象?微笑吧,让痛苦滚开,离你远点!

微笑是一种境界,达到这个境界依靠的是磨炼;微笑是一种心态,要获得这种心态得益于修养。不过,微笑也是一个非常简单的动作,几乎可以说不费吹灰之力,只需将嘴角稍稍向上一扬,一种向日葵般的阳光便折射出来。

不论你目前遇到了多么严重的困境,甚至遭遇了前所未有的打击,不必整天愁眉苦脸、悲痛万分。静下心来,用心微笑,你会发现痛苦感逐渐削减,内心多了几分快乐，生活也因此变得轻松了。

所以，不管现实让人多么痛苦不堪，静下心来上扬嘴角，让快乐成为生活的主格调吧。

第四章

善容百川流水，喜悟春江水暖

——慢下来，把计较酿成诗

生命如花，灿烂一夏。在有限的生命中要活出无限的美好，当看尽一切繁华，多一些宽和，少一些计较。让自己身处一片幽雅的净土，品尝香茗，在袅袅云烟中凝神远眺，揽无限风情于胸。守住一颗平静的心，生活才能充满阳光，快乐也自在其中。

心远地自偏

总是计较斤两，

人心就如菜市，怎能安静？

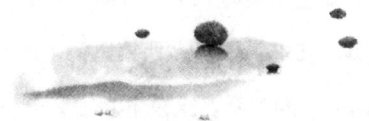

　　有一个和尚在寺院里修禅，时日一长，就生了焦躁之心，他对师父说："师父，我决定去云游四方，提高自己的修为。"

　　师父看了看他说："我看你长进很大，只要继续在这个寺院中便可精进，又何必云游？"

　　和尚说："诸位师兄师弟都比我有慧根，我看他们都达到了一定境界，只有我跟不上他们的觉悟，想来我不适合待在这个寺院。"

　　师父对他说："人与人有别，他们修他们的禅，你悟你的法，这又有什么关系？"

　　和尚说："他们修禅，就像骏马，一日千里；而弟子却如驽马，即使尽力，也不及他们十之一二。"

　　师父大笑说："骏马有骏马的活法，驽马有驽马的好处，各人有各人的缘法，你越是计较，越是耽误自己的修为。我们参禅就是要了悟万物缘法，你为此烦恼，哪里还能参禅！"

骏马和驽马都有自己的活法，太过在乎自己与他人的差距，就是自己给自己找烦恼。有的时候糊涂一点儿不是坏事，笨一点儿又何妨？同样在努力，同样在做事，要注意的是自己做到的，而不是他人做到的，眼睛里只有他人，哪里还能参禅？

　　计较越多就会失去越多，因为人们计较的常常是一些小事，计较生活中的小事，会落个心胸狭窄、气量不够的名声；计较事业上的小事，就会一叶障目，不见泰山，耽误了正事；计较感情上的小事，就会以偏概全，对人产生偏见，影响两个人的关系。比较下来，就会发现得到的不过是一肚子怨气，失去的却是名声、机会、感情，小事耽误大事，由此看来，计较不如比较。就像故事中的和尚，哀叹自己无能或者忌妒其他修行者的好命都于事无补，不如自己专心悟道，不是说"驽马十驾，功在不舍"吗？花更多的时间达到别人用很少的时间达到的事，其实并不丢脸。天资有差距，过程自然会有不同，但结果是一样的，自己得到的成就也是一样的。想要计较的时候不如先比较，看看那些自己没有的东西，而后努力得到，自然就不会再计较。不计较是豁达，缩短差距是积极的体现，一个豁达而积极的人，什么事做不成？

　　经济危机到来的时候，史密斯先生焦头烂额，他的工厂出现了资金问题，如果不想倒闭，只能尽快裁员。史密斯先生大笔一挥，半数员工被解雇。

　　史密斯先生是个暴躁的人，平日动辄对员工训斥，被裁的员工无不对他咬牙切齿，甚至有人和他当面争吵。只有一个人没有对他横眉冷对，这个人就是清洁工人杰克。

当众人都已离开工厂，杰克却独自一人擦着机器上的机油，史密斯先生看到这一幕，奇怪地问："你已经被解雇了，为什么还要留在这里干活？"

"解聘书明天才生效，今天我仍是这里的员工，必须完成今天的工作。"杰克说。

"我平日经常对你发脾气，你难道不生气吗？"史密斯先生问。

"先生，您是我的老板，给了我工作，我必须尊敬您。"杰克回答。

半年后，史密斯先生的工厂情况好转，杰克收到工厂的聘书，邀请他回去工作。而半年前和他一样被辞退的员工则没有得到这个机会，依然为找工作而烦恼。

人与人的相处常常存在着计较。今天你得罪了我，明天我记恨了你，周而复始，就像念珠一样没有尽头。与其这样煎熬，不如豁达一点儿，就像故事中的杰克，记得老板的好处，便不会在老板有难的时候落井下石，当然也就能得到老板的尊敬与扶助。

现实生活中，利害与冲突不断，我们置身其中，有时深受其害。这个时候只能告诉自己不要计较太多，不要让自己徒增烦恼。唯有如此才能做到游刃有余，不被人事所累。不计较，既代表了一个人有智慧，又代表了一个人心胸开阔。

面对利害与冲突，对事不对人是一种智慧。豁达的人并非任由他人打压，他们能与人保持友好的关系，就是知道对事不对人的重要。在一件事上，每个人都有不得已，该理论的时候就理论，不能让的时候寸步不退；

但这件事过去以后，互相理论的人仍然可以做朋友，欣赏彼此的为人与品性，在其他方面合作无间。不必为区区一件事在意，你计较得越少，收获得就越多。

放弃计较，多一份轻松

不要因为一次小小的失去而错过了前方更美的风景。
要学会看淡得失，才能把握更多的精彩。

生活中的每一件事对于身陷其中的我们而言，可能收获大于损失，也有可能是损失大于收获，还有可能得失相当。因此，我们有时必须得较这个真儿，但如果我们在每一件事的得失上都算计的话，我们将会活得很累。

人生福祸相依，变化无常。年少气盛时，凡事斤斤计较还情有可原。当一个人年事渐长，阅历渐广，涵养渐深，对争取之事应看得淡些，凡事不必太计较得失，顺其自然最好。当然，如果年少时就能拥有这份豁达的心境，生活中必然会增加很多欢乐。

在人际交往过程中，如果总爱吹毛求疵，过分注重一些毫无价值的小事，不但会让别人难堪，也使自己处于精神萎靡、心情恶劣的状态。这是一种浮躁的表现，这种不良的心理使得我们只顾眼下，不管将来，只计较细小的事情，心中无大事也无大量；只图自己一吐为快，从不考虑别人的感受。

莉娜是一名职业校对员，曾为出版社校对过不少书刊著作。莉娜工作认真负责，一丝不苟，在业界颇有些名气。

校队的工作做久了，在生活中，莉娜也经常会不自觉地检查单词拼写和标点符号是否准确。听别人讲话时，她也会想着对方的发音是否正确，停顿是否得当。

一天，莉娜去教堂做礼拜，听牧师朗读一篇赞美诗。正当她听到要害之处时，牧师居然读错了一个单词，莉娜顿时浑身不自在起来，一个声音在心里不停嘟囔："他错了！牧师竟然读错了！"之后，她再也不能专心听牧师布道，也不知道牧师都讲了些什么，只为那读错的单词纠结。正在这时，一只苍蝇从莉娜的眼前慢慢飞过。

莉娜耳边突然响起了一句名言："不要因为一只飞虫而忽视了眼前美丽的风景。"对呀，怎么能因为一个小小的错误而忽视整篇赞美诗呢？莉娜突然如醍醐灌顶一般，大彻大悟。

人生中的一些事，有时必须要较真儿才能成功，但亦不可太较真儿，尤其不能在得失上过分算计。人的作用是相互的，你表现出一分敌意，对方可能就会还你二分，然后你递增到三分，他又会还回来六分……一来二去，本来一个小小的矛盾就演化成了一个深仇大恨。不如在矛盾初成时就把敌意变成善意，少一分计较，究竟谁多得一分、谁少得一点儿有多重要？当"冤冤相报何时了"的双输能成为"相逢一笑泯恩仇"的双赢时，你的人生才会充满快乐，你生活中的每一刻对你而言都是美妙的。

有一个答题赢大奖的电视节目，一位选手一路过五关斩六将，顺利答到了第九题。而此时，他已经没有机会再排除错误答案，也没有机会打热线给朋友，更不能向现场观众求助，答完第九题，他已经把最初设定的家庭梦想都实现了，这时主持人微笑着问："继续吗?"他深深地看了一眼台下怀有身孕的妻子，干脆地回答："不，我放弃!"

当时，主持人一愣，现场也都一片哗然，因为很少有人会在这个节骨眼放弃，而且这可是现场直播，全国观众都盯着他，他怎能说放弃就放弃呢？别人又会怎样看待他的"退缩"？但他似乎心意已决，主持人十分惋惜地连问了3次："真的放弃吗？你确定不会后悔吗?"他依然点头，坚定地说："真的放弃，我不会后悔，因为应该得到的已经得到了。"这样，他就只回答了9道题，实现了自己的家庭梦想，却没有向终点发起冲击。

这时，另一位主持人依然不放弃，又激问他："如果将来你的孩子长大了，看到了这期节目问你那天为什么放弃了，你会怎么说?"他说："我会告诉孩子，人生不一定要走到最高点。"主持人追问："那你的孩子如果说他以后只考80分就满足了，你怎么说?"答题者微笑着回答："如果孩子不觉得难过，而且也的确付出了应该付出的努力，那么我认同!"

台下掌声雷动。

显然，大家都被他这种在得失面前所保持的那一份淡定从容打动了。有时候，适时地放弃并不是退缩，而是一种冷静的智慧，一种成熟的象征。成熟并不意味着你更加懂得去珍惜什么，而是你更加明白适时放弃的重要。得失之间，淡定才是美。

享受当下的人懂得适当放弃、懂得超脱！生活也需要"有所为才能有所不为"，因为有所得，就必有所失。不要妄想有求必应，上帝不会那么眷顾你、满足你，如果你太过自信，只能成为生活的弱者。要想得到更多，就必须要放弃某些东西。俗语常说，盲人的耳朵最灵，是因为眼睛看不见。的确如此，因为眼睛失明，他必须竖着耳朵听，久而久之，耳朵的功能达到了超常的发挥。对于耳朵来说，这样的得到就大于失去。生活中也一样，当你追求的某种功能充分发挥时，其他功能就可能退化。因为生活是公平的，有所得就会有所失，所以，不要过分计较得失，相信生活会给你最圆满的答案。

"逃避，不一定躲得过；面对，不一定最难过；孤独，不一定不快乐；得到，不一定能长久；失去，不一定不再拥有。"请不要再计较那些个人得失，凡事不要太在意，更不要太强求，就让一切随缘。你可能因为某个理由而伤心难过，但你却能找个理由让自己快乐。永远在得失面前保持一种超然的淡定，总有一天，你能发现生活中被你忽视了的美好。

得失一念间

一件事情，如果想通了就是天堂，
想不通就是地狱，既然活着，就一定要活好。

——百岁老人陈椿

宋代的永明延寿禅师有一首非常著名的禅偈："修习空花万行，宴坐水月道场。降伏镜里魔军，大作梦中佛事！"意思是说，虽然一切的修行活动像空中的花朵虚幻不实，但还要认真去修行；虽然修行办道的场所像水中的月影虚幻不实，但还要静静地禅坐；人的烦恼魔障本来是空，像镜中的影子一样，但还要努力去降伏；各种佛事活动本来是空，像梦中的景象一样，但还要努力去完成。

苏东坡曾在《前赤壁赋》中说："客亦知夫水与月乎？逝者如斯，而未尝往也；盈虚者如彼，而卒莫消长也。盖将自其变者而观之，则天地曾不能以一瞬；自其不变者而观之，则物与我皆无尽也。而又何羡乎？"

文章中，苏轼借江水与明月两个意象展开自己的观点。苏轼说，从一方面看，江水滔滔不息，日夜流逝；从另一方面看，江水还是一江之水。从一方面看，月亮阴晴圆缺，日日不同；从另一方面看，月亮本身并没有任何增减变化。

这就是在告诉我们,看待人生是需要一个多元的角度的。佛家讲"空即是色,色即是空",缘起缘灭,生生灭灭,转眼之间,天地都不复存在,又何况短暂的人生。既然人生短暂无常,又何必因为那些琐碎的小事而太过计较。

然而不可否认的是,我们每天都生活在得与失里。不过要相信天道无私,有一得必有一失,如果太计较得到,只能失去得更多。

有一首歌这样唱道:"不管得与失,值得去庆祝,因为心中易满足。"放下得失不计较的人拥有豁达的胸怀,这是一种明智,这样的人看似吃一点儿亏,受一点儿累,但其实能收获更多。

一年冬天,杰夫在郊区购买了一个大牧场。有一天,牧场里的牛逃了出来,最后冲进一户农夫家里偷食玉米,被农夫当场杀死。杰夫得到这个消息时很愤怒,心想农夫实在太过分了,牛只不过偷吃了点儿玉米,农夫竟然把牛宰了。

杰夫带着佣人一起去找农夫理论。当时郊外天气风云突变,正值寒流来袭,他们只走到了一半,人和马就全部挂满了冰霜,两个人也几乎要冻僵了。好不容易抵达农夫的小木屋,农夫不在家,但农夫的妻子热情地邀请他们进屋等待。当杰夫进屋时发现,屋子的桌椅后还躲着5个瘦得像猴子似的孩子,这个情景让杰夫有些震撼。

不久,农夫回来了,农夫的妻子告诉农夫:"他们是顶着狂风严寒来找你的。"杰夫看到农夫时本想开口与农夫理论,可他忽然又打住了,伸出了手和农夫握了握。

外面天气寒冷,农夫热情邀请杰夫共进晚餐。其间,农夫满脸歉意地说:

"不好意思，委屈你们吃这些豆子，原本有牛肉可以吃的，但是忽然刮起了风，还没准备好。"

孩子们一听有牛肉可吃，高兴得眼睛直发亮。吃完饭，佣人一直等着杰夫开口谈正事，但杰夫似乎忘了一样，只见他与这家人开心地有说有笑。又过了一会儿，天气仍然相当差，农夫便要两个人住下，等明天天气转暖了再回去，杰夫拗不过，只得与佣人借宿了一晚。

第二天早上，他们又吃了一顿丰盛的早餐，然后告辞回去了。一路上杰夫默默无语，倒是佣人忍不住问他："我以为，你准备去为那头牛讨个公道呢！"杰夫微笑着说："是啊，我本来是抱着这个念头的，但一进门就放弃了！后来证明我的决定是对的，我并没有白白失去一头牛，而是得到了更宝贵的人情味。毕竟，牛在任何时候都可以获得，但人情味却并不是那么容易得到的。"

大多数的人都在追求物质上的满足，为了小事斤斤计较，然而当物质需要得到满足之后，并没有得到内心真正的充实。人与物之间是无从比较的，真正的无价必定表现于无形。故事中的杰夫，尽管失去了一头牛，却换得农夫一家人的笑容和幸福以及难得遇见的人情味，这段经历，更让他懂得生命中哪些才是无价的。

如果以计较的眼光看世界，世界很小，只会盯着别人或者自己那么一点的错误，而忽视了整首"赞美诗"。而真正的聪明人会主动放下计较，甚至还会利用常人的计较心理，达成自己的目标。

一般来说，持有这种心理的人，必将自己的精神世界局限于一个极小的范围，逐渐会变得自私、冷漠、吝啬、苛刻，特别是在日常生活中，就连一些小小的疾病、挫折，财物上一点儿小小的损失，别人对自己小小的不尊重，都很容易对他们的心理活动产生极其深远的影响，甚至陷入其中无法自拔。因此，这种不良心理的危害是很大的，应该努力加以克服。

心宽者必淡定，他们闲看云卷云舒，明白了色空不定的道理。正如百岁老人陈椿的一句话："一件事情，如果想通了就是天堂，想不通就是地狱，既然活着，就一定要活好。"有些事会不会招惹麻烦，有时完全取决于我们的心态。不要把一些鸡毛蒜皮的小事放在心上，别太过于看重名利得失；不要总是那么猜疑敏感、任意夸大事实；也不要动辄就为了一点儿小事而着急上火、大动干戈，只有心里放得下这些，才会拥有一个幸福美满的人生。

学会珍惜，用心感受幸福

张开自己的手掌，
让幸福落在上面。

有的人，一生都在追求幸福，甚至享受着别人眼中的幸福，却总是觉得幸福遥不可及，这是因为他们总把幸福的标准定得太高。适当调整幸福的标准，或者增加参照的维度，丰富对幸福的认知视角，你就会发现，幸福其实就握在自己手里。其实，生活中任何一件小事都需要细细去品味，你才能发现它们都与幸福紧紧相连。归根结底，幸福源于每个人内心的自我感受，而这种感受与你的观察视角密不可分。

有一位哲学家不小心掉进了河里。在被救上岸后，他说的第一句话是："能够自由地呼吸空气是一件多么幸福的事情。"如果是你，你会不会上来就说，"哎呀，真倒霉，我运气太坏了"呢？

自然界的空气，虽然无处不在，但是由于我们看不到摸不着，常被人为忽视。然而，一旦失去的时候，我们就会立即发现它的重要性，请珍惜它吧！上面提到的那位不慎落河的哲学家虽然这样不小心，但是他后来活了整整100岁。临终前，他和身边的亲人重复了那句话："呼吸是人生中最幸福的事情。"

虽然托尔斯泰说"幸福的家庭都是一样的",但事实上,每个人的幸福都不一样。对有些人来说,丰衣足食、有房有车就是幸福;有人则认为,功成名就才是幸福;还有人认为,只要两情相悦,能够与心爱的人厮守一生就是幸福。正所谓,每个人眼中的月亮也会不一样。其实,幸福是否在你的面前,不是由"幸福"来决定,而是要看你自己的感受。只要一个人内心愉悦,他就是幸福的人。

有个人一直在苦苦地寻找幸福。据说,他一直不知道幸福的模样。起初,他抱怨自己的工作不好,羡慕在城里工作的人。等到工作调整了,他又羡慕那些在核心部门工作的人,认为他们福利好、前途光明。工作岗位调整之后,他又抱怨自己命运不好,羡慕那些担任高级职务的人,认为这样才能够充分发挥才干。有朝一日,他终于当上领导了,可还是忍不住整日里怨天尤人,感到特别不开心。对他来说,幸福永远在未来,永远不会在自己身上出现。

生活中难免有贪心不足的人,我们相信这样的人永远不会知道幸福的真正模样。现实生活中,许多人工作顺利,家庭生活和谐,社会关系健康,这些天伦之乐、生活之美都是他可以牢牢把握住,并且已经安心享受的幸福。按理说,他们应该生活得很好,可他们却总是一直生活在羡慕别人之中,他们渴慕别人的幸福,却感受不到自己的幸福。什么别人家的房子更大,别人家的车子更豪华,别人的妻子更漂亮,别人的孩子学习成绩更好,别人的朋友更有钱,等等。其实,幸福就在我们身边,只是我们总是对之视而不见,有的人甚至将之拒之门外,这就叫作"身在福中不知福"。

有一个不幸的青年身患侏儒病，所以身材矮小。由于这样的病情，他的工作也不是很顺利。此外，他从小父母双亡，身世很是凄惨。在一般人的眼里，他可谓是最不幸的人。然而他没有为此暗自神伤，而是非常坚强和乐观。他对自己的未来充满渴望，对人生充满向往，因此以坚强的意志和顽强的毅力学会了电脑打字，并逐渐接触新闻和文学，最终独立创业并过上了幸福的家庭生活，一举实现了自己的人生价值。

这个青年用自己的实际行动向我们展示了幸福不同的可能性。即便一个人无法享有别人的幸福，但是他也依然能够感受到自己的幸福，而在追求幸福的过程中，他可能会享有这样一种状态：无时无刻不沉浸在追求幸福和为幸福奋斗的旅程之中。这种状态，是一般人都无法领会的幸福之美。这个残疾青年之所以能够做到这一点，是因为他不像其他人那样有太多奢望，他只不过简单地认为，只要靠勤劳让生活满足就是幸福。

如果人们能够保持平常心，积极进取，安享幸福，而不是总吃着碗里看着锅里的，放弃自己的眼前幸福贪慕别人的幸福，那又怎能找不到幸福呢？

生病的人，会觉得身体健康就是幸福；口渴的人，会觉得一杯水就是幸福；饥饿的人，会觉得一碗米饭就是幸福；夜行人会觉得一盏小油灯就是幸福；寒冷的人，会觉得一丝暖气就是幸福；在暑热中劳作的人，觉得一点凉风就是幸福……这些人之所以能感受到幸福，不是因为他们的目标简单，而是因为他们懂得生活就是真正的幸福，所以他们懂得生活中点点滴滴的美。人们常说平安是福，相对于那些遭遇天灾人祸的人而言，平安是一种最大的幸福。下班后平平安安地回到家中，妻子端来热腾腾的饭菜，孩子们依偎在身边，和父母一起泡上一杯清香可口的热茶。这就是人能够享有的最平安、和谐、美满的小日子，难道还有什么比这更加幸福吗？

"只要人人献出一份爱，世界就会变成美好的人间"。一个人只要有爱心，就能感受幸福，爱心越多，幸福也就越多。当别人心情郁闷的时候，这样的人能够让人如沐春风，感到安慰；当别人身处危难的时候，这样的人能够以举手之劳解决别人的难题，犹如一盏明灯出现在黑暗的房间之中。所谓爱心，无非是老吾老以及人之老，幼吾幼以及人之幼，孟子在两千年前说过的这两句话看起来简单，做起来也并不是特别困难，一旦做了就能感受到幸福的滋味。幸福其实就在我们的身边，在父母、朋友、儿女、同事甚至陌生人的身上都潜藏着幸福的可能，我们应该牢牢地把握。

不要等到幸福离我们日渐远去，再徒然感慨追悔莫及吧。珍惜幸福就是珍惜自己，就是珍惜自己的人生。幸福需要握在手心，才会觉得安心、踏实，但首要的条件是，你要张开自己的手掌，让幸福落在上面。一个攥紧拳头的人，永远无法握住幸福。

一个人如果能够常常感觉到幸福，那主要在于懂得珍惜。每个人的生活都充满了艰辛困苦，没有人是一帆风顺的。所以，要学会珍惜艰难中的如意和顺心，只有如此，才能渡过苦难的河流，通向幸福的彼岸。

既然我们来到这个世界上，就要学会珍爱幸福，而珍爱幸福，在某种意义上就是珍惜自己的生命。法国哲学家萨特曾经说过，人类之所以活着，就是要证明自己存在的价值，否则就等于死亡。"身体是革命的本钱"，一个爱惜身体的人，才最懂得生活。工作是为生活提供支持，包括物质方面，更包括精神方面，要珍惜每一天，干好每一件事。家庭是幸福的港湾，要珍惜父母、配偶、孩子的感情，尽好自己在家庭中应当承担的义务。朋友难得、知己难求，"好汉三个帮"，"在家靠父母，出门靠朋友"，要珍惜友谊，和好朋友多交流，互相提供幸福的感觉。当一个人懂得了珍惜，就懂得了幸福的真谛，这时候生命才有意义。

学会珍惜，生活才会幸福，已有的幸福也会成倍地增加。珍惜生活中的点点滴滴，掌握住手边的美好生活，让我们从日常生活中发现无穷无尽的幸福吧。幸福在于珍惜自己，也在于珍惜他人，更在于彼此的互动。渴望幸福，就不要对幸福视而不见。

幸福隐藏在生活的各个角落，只要懂得珍惜手心中的温暖，我们自然可以随时随地享受幸福的感觉。一杯清茶，并不比咖啡逊色，别有其清香味道；挽着爱人散步并不比坐"宝马"兜风缺乏情趣，自有清风拂面；喝着稀饭全家团聚并不比陪着情人坐在音乐厅逊色，其中的温馨与安逸不足为外人道也。幸福，只有落实在点点滴滴的生活小事上，才让人觉得来得真切、来得开怀、来得温暖。幸福就是这实实在在可以握在手里的温暖，幸福也正是通过这样的小事一步步走进我们的生命之中。让我们善待生活，从学会珍惜小小的幸福开始。

极致简约，极致幸福

真正的幸福就是一杯简简单单的白开水。

人生不一定要轰轰烈烈才是幸福。对大多数人，尤其是活在日常生活中的我们而言，你只有学会简单生活，享受生活中简简单单的幸福才是生命的真谛。简单的生活并不是要你放弃所有的一切，也不是让你放弃激情和上进，而是要你从实际出发考虑问题。简单生活并不意味着自甘贫贱，你即便开一部昂贵的车子，住着豪宅大院，但仍然可以使生活简单化。简单的生活是让你的身心得到全面解放，不被生活中的各种链条束缚，可以自由自在地呼吸，自由自在地与人交流。这是幸福快乐的源头，可以为你的生活省去很多烦恼。

阿尔迪超市是德国最大的超市，也是全世界公认的零售业航母之一。沃尔玛公司是我们比较熟悉的超市，它们的年销售额大约可以达到两万亿元人民币，几乎是阿尔迪的六倍。不过，阿尔迪的销售业绩在某种意义上并不比沃尔玛差。这家超市每年销售的单件商品总价值超过四亿元人民币，几乎是沃尔玛公司的三十倍。这种销售上的优势与阿尔迪超市的顾客群体密切相关，也与它们管理层设计的销售渠道有关系。

阿尔迪超市的所有者是德国的阿尔布莱希特兄弟，他们如今已经八十多岁。阿尔迪超市的销售策略不过两个字：简单。看上去简直稀松平常，然而许多企业却无法模仿。之所以做不到，是因为他们的策略实在是太简单。

阿尔迪超市从来不做广告，从平面到立体，从传统媒体到新媒体，任何形式的广告都与它们无缘。超市的所有的商场从不在各种大小媒体上做任何促销或营销广告。如果非要说有什么广告的话，那就只有每周一期的八开版面《阿尔迪信息报》。超市会把这个小报放在门口供顾客浏览，内容是对下周的新上柜货品进行一番介绍，顾客就可以按照货物单子选择喜欢的商品。

阿尔迪超市的商品可谓有些单调。整个超市只有六七百种商品，所有货品一律装在纸箱子里，价目表都悬在头顶。货物的品种也相对比较单调，它提供的手纸只有两种牌子，腌菜甚至只有一种。不过，他们对每种商品都严格挑选供应商，保证每种商品都是当地商家能够提供的同类商品中最好的品牌。

超市里的每一种商品都采用同一种包装规格。

超市里的商品特别方便外带，能够让顾客迅速带出店铺，甚至直接带到野餐营地。

超市雇用的员工人数相当少。几乎每一家阿尔迪超市的雇员都少于十名，不过这些雇员的效率都非常高，他们每个人都身兼数职。由于雇员可以处理的业务是如此多又如此快，以至于超市里不设条形码扫描仪和读卡机等现代化设备，而是坚持使用收款机，且只收现金。此外，超市不提供专门的装袋服务，但是没有人对此抱怨，因为所有店员都能对商品价格倒背如流。况且，在经过培训之后，服务员的心算和录入速度非常之快，所以交易速度也比普通超市要快很多。

阿尔迪最让顾客感到开心的事情是，他们从来不收尾数钱。所有商品的价格尾数都是零或五。该超市的管理人员经过反复测试发现，如果营业员收尾数钱和找零钱的话，销售时间就会延长，而这短短的时间会影响到销售绩效。如果将顾客和收银员找零钱的时间去掉，不但可以减少营业员数量，还可以提升销售效率。于是阿尔迪决定，凡是价格尾数是五至九的商品，按五收款；如果一件商品的价格尾数在零至四之间，那么就一律不收尾数款。这样做的结果就是，店员提高了工作效率，又在一定程度上形成了降价促销的"广告效应"，吸引了更多的顾客。

阿尔布莱希特兄弟在总结他们成功秘诀时说："唯一的秘诀就是，我们只放一只羊。"他们用简单战胜了复杂，也就赢得了商场上的胜利。无数事实证明，那些贪得无厌、想要占据更多的人，反而什么也得不到。这倒不是因为他们放羊的技术不行，而是因为他们被无尽的贪欲挤垮了。所以，不管你要追求的是什么，如果想要成功，那么在做之前，最好还是先衡量一下自己的能力，考察一下对手和整个环境的情况，看看自己到底适合放几只羊再行动。

作为世界闻名的阿尔迪超市，其经营策略几乎简单得让人惊叹。和别的知名商场、超市比起来，阿尔迪超市的确省略和简化了不少程序，也精减了很多人员，但是这家超市的营业额却一路飙升。

对比很多商家绞尽脑汁让购物变得复杂，这样一种"简单"，实在耐人寻味。

其实，快乐往往就在简单的生活中，难只难在你要有勇气去减少自己无意义的需求。珍惜自己的快乐生活，不妨就从现在开始，尽情享受身边的绿树、蓝天、白云，还有那一缕缕温暖的轻风。不要总是将自己埋葬在对别人的羡慕中，而要善于用眼睛去发现自己身边的美好，感受自己的幸福。

珍惜并享受生活中简简单单的幸福吧。如果我们能够把复杂的问题简单化，把深刻的问题浅显化，或者用最朴实的方式理解生活中看似艰深的道理，幸福就会悄悄地来到你的面前。在对生活认真地观察和体会中，在简单的生活和思维中学会珍惜、学会享受。

　　需要记住，幸福的方式有很多种，享受的方式也不一样。幸福可以切割，分成好几份；可是与此同时，幸福也可以折叠，合二为一。任何一种幸福都在那里，至于能不能寻找到，都在于我们自己的选择。真正的幸福简简单单、实实在在，也需要简单的人才懂得。

　　上帝给了每个人一杯水，让我们从里面品味生活。对有些人来说，生活简单得就像一杯无味道的白开水，他们只看到杯子的华丽与否，却看不到杯子里水的清澈透明。当然，你可以加糖，也可以加盐，如果你愿意，只要你能承受，那就是你的生活。但唯有清淡的白水最简单、最长久，对人的身体也最有益。

品味幸福的真谛

幸福的真谛就是珍惜已经拥有的，
感悟身边的花开。

学会珍惜幸福，首先要做的是，不要无意义地与人攀比。我们其实都明白，攀比不会让你进步，也不会让你幸福，因为它只会带给你麻烦，让你陷入错误的逻辑中，甚至让你损失一些本该拥有和爱惜的东西。

在我们的身边，攀比这种现象十分常见。本来，每个人都会有和别人攀比之心，这也不用自我批评，因为这是由人的本性所决定的，并没有什么稀奇。问题在于，有些人以一颗平常心来看待比较，他们在"攀比"时追求的是自身不断完善，是生活的稳步提升；而另一些人之所以攀比，则是为了满足自己不断膨胀的虚荣心，他们总是做一些毫无意义的攀比。这两种人，可以分别称之为有上进心的人和爱慕虚荣的人。前者会不断地进步，在"攀比"中不断地认识到自己的不足，"他山之石可以攻玉"，最终取得更大的发展，甚至成就一番伟业；而后者大多会被世人鄙夷，甚至走进人生的死胡同之中，再也出不来。

所以，向别人看齐，做一个有雄心的人并没错。但必须牢记，不要做无意义的攀比，不要把时间放在这种无助于生活、无助于幸福的事情上。那只会令你误入歧途，当你深陷其中而不能自拔的时候，"攀比"的心态也会让你认识不到自己的错误，最终连回头的余地都很小。

从心理学上讲，攀比是虚荣心最主要的表现形式之一，而人类的虚荣心是自尊心的过分表现，是人类为了取得荣誉或者引起普遍注意而表现出来的一种不正常的社会情感。在虚荣心的驱使下，一个人往往因为追求面子上的好看，罔顾现实条件的限制，忽视外部环境的约束，一意孤行，最后往往伤害了别人，也毁灭了自己。

石崇是西晋时的大官僚和富豪，历史上向来以富有和奢侈而著称。他当时几乎富甲天下，曾与晋武帝的舅父王恺以奢靡互相攀比竞赛。听说王恺饭后用糖水洗锅，石崇便用蜡烛当柴烧；看到王恺制作40里长的紫绒布步障，石崇便做50里的锦缎步障；转天王恺用赤石脂涂墙壁，石崇就更加夸张地用香料和成泥刷墙。后来，晋武帝暗中出手帮助王恺，赐给这个亲戚一株珊瑚树，高度大约有二尺，枝柯扶疏，世所罕见。王恺拿着这株御赐的珊瑚树向石崇炫耀，本来想着必然胜出，不料石崇当场用铁如意将其击碎，然后取出自己家里所藏的六七株珊瑚树。这些珊瑚树每枝都高达三四尺，看上去光彩耀目，得意扬扬地让王恺随意挑选。

大家都知道，豆粥是比较难煮熟的，需要长时间熬煮。可是，石崇想让客人喝豆粥时，一声令下，须臾间就能端上来。每到寒冷的冬季，在别处想喝豆粥要等很久，在石家不但能很快喝到，甚至还能吃到绿莹莹的韭菜粥，这在没有暖房的当时称得上是一件奇事。石崇也为此常常感到自豪不已。

当时由于天下大乱，马匹稀少，贵族富豪都习惯乘坐牛车。从形体、力气上看，石家的牛似乎不如王恺家的，可每次两人一同出游抢着进洛阳城时，石崇的牛总是疾行若飞，能够超过王恺的牛车。

以上这三件事让王恺愤愤不已，于是他用金钱贿赂石崇的下人，打探个中的原因。那个下人回答说："豆粥确实非常难煮，我们先预备加工过的熟豆粉末，客人一到，就先煮好白粥，这很容易。等到想要吃豆粥了，再将豆末投放进去，于是就成豆粥了。能吃到韭菜是因为我们将韭菜根捣碎后掺在麦苗里。牛车之所以总是跑得快，主要是因为驾牛者的技术好，他们不是控制牛的速度，而是对牛不加控制，让它撒开欢儿跑就是了。"得知这些情况后，王恺就仿效着做，遂与石崇形成势均力敌的状态。

石崇之富，和皇室贵胄相比不但一点不差，甚至还要胜出一筹。这在古代"家天下"的状况下，自然是很危险的事。然而，他不但不知道藏锋露拙，反而越发恣意妄为，最终家破人亡，落得个被乱兵杀死的下场。由此可见，互相攀比、爱慕虚荣的危害十分巨大，如果不加以控制，往往可以令人陷入万劫不复之地。

做人，如果想要幸福，首先要懂得珍惜自己拥有的，而不是盲目地去羡慕别人。好胜心可以帮助你进步，但无意义的攀比只会助长你心中的欲望，终将引你走上一条不归路。当你走到路的尽头，才会发现，这是一条断头路。

学会珍惜自己的生活，就能懂得领略幸福的含义。懂得珍惜的人不会跟别人做无意义的攀比，能够保持一颗中正的心，把心态放平。这样一来，在人生的道路上，一个人就能够总是向前行进，即便速度快一些，也是惯性向前；而无意义的攀比则只会导致一个人偏离正确的方向，即或偶尔看起来比别人要快一些，但那却将你引向悬崖的边缘。

第五章

水流任急常静，花落虽频自闲

——慢下来，把冲动酿成诗

淡然对待得失，冷眼看尽繁华。在人生的历练中涵
养淡定从容的定力，在潮起潮落的人生戏台上，举重若
轻，以一份洒脱娴静的心态来面对喧嚣的红尘。落花无
语，留香阵阵。慢下来，把冲动酿成"水流任急常静，
花落虽频自闲"的诗篇。

待到风平浪静时

冲动的时候最好不要去作任何决定，
因为只能作出草率的决定，为你凭留遗憾。

在我们生命的五彩洪流中，每个人都展示着自己丰富的个性。假如你是一个性情急躁、容易冲动的人，那么你就要明白，在你冲动的时候所作出的决定，往往事后都会让你后悔不已。

生活的经历告诉我们：一个人在极度愤怒的时候，一定不要轻易地作决定，否则作错了决定，再怎么后悔都于事无补。

一个男子风尘仆仆地出差回来，走到家门口正准备敲门的时候，忽然听到了男人打呼噜的声音，于是他十分伤心难过，就独自离开了，并发了一个短信给老婆："我们离婚吧。"老婆觉得非常伤心，认为老公肯定是在外地出差的时候有了外遇，所以就同意了离婚。

三年后，两个人相遇了，老婆忍不住问起当年他为什么要提出离婚。在得知是因为听到男人的打呼噜声后，老婆忽然奇怪地大笑了起来："你为什么当时不打开门走进去看看呢？"

"还有什么好看的呢？都给彼此留点儿颜面，好聚好散吧！"

"你知道吗？你当年听到的打呼噜声，不过是电脑上瑞星小狮子所发出来的响声……"

很多时候，人们往往会认为女性的冲动是一时懦弱的行为，而男性的冲动却被认为是有魄力、有冲劲儿。可事实真的是这样吗？故事中的男人因为当时无法抑制愤怒，冲动地向妻子提出了离婚，殊不知，所谓的男人的打呼噜声不过是瑞星小狮子发出的响声。看着已经再嫁的贤惠前妻，男人又怎是一个后悔了得？

冲动所带来的后果是十分严重的，冲动所带来的损失也是无法弥补的。你很有可能会因为一时的冲动而失去你心爱的人，失去多年的好友，失去一批顾客。因为人在发怒的时候，已经完全丧失了理智，基本上已经不能正常理智地思考和支配自己的行为，从而做出让自己后悔不已的事情。

在日常的婚姻生活和朋友交际中，尤其不能冲动；在工作中，我们更应该努力克制心中的怒火。许多研究表明，爱生气的员工通常都比较容易冲动，做起事情来也总是会不计后果。他们往往更为关心的是自己的需要、期望和目标是否得到满足，而没有事先想想整个大局，想一想公司的需要和目标。如果老板在快要下班或者假日的时候问他们可不可以加班赶完一个急活，他们就会非常生气地大声回答："绝对不行，今天我该做的事情都已经做完了，并且我等会儿下班以后还有别的事情。"然后就会怒气冲冲地离开公司。

虽然顶撞了老板，最终也没有加班，但喜欢生气的人就会认为老板是觉得他们"人善被人欺"，或者是因为自己的能力达到了一定的程度才会被老板要求加班。所以，他们就会觉得自己应该被领导提拔，如果这个时候被提拔的是别人，他们就会感到愤怒和不公平，并且从此以后就开始消极怠工。他们甚至还会不断地问自己同样一个问题："为什么他们不可以公平地对待我？"

愤怒就像是一面镜子，一面可以观察自己的镜子，仔细看着这面镜子，你能从中发现些什么呢？也许很多时候有问题的并不是别人，而是你自己。

其实，冲动是一种最无力也最具有破坏性的情绪，它给人们带去的伤害可能会远远大于我们的想象。

2006 年世界杯足球赛决赛中，著名的法国球星齐达内在加时赛的最后 10 分钟里，用头顶撞了对方的球员，最后被一张红牌将自己的世界杯生涯画上了句号，并导致了整个球队将冠军拱手让给了意大利。

齐达内为什么会用头去顶撞对方球员呢？很多人都会说是因为意大利球员马特拉齐先辱骂了齐达内，故意激怒他，生性就好斗的齐达内一时情绪失控，所以冲动地做出了违规的行为，最终被裁判用红牌罚下场。结果可想而知，齐达内黯然离场，让整个法国队失去了灵魂支柱，他们不明白为什么在关键时刻，齐达内会做出如此冲动的行为，队员情绪不稳，整个气场也就自然弱了下去，失败几乎成为定局。

人之所以会生气，通常都是因为别人触犯了自己的尊严或者是自身的利益，于是很难一下子就让自己冷静下来，所以当你意识到自己的情绪非常激动，眼看就要控制不住的时候，可以用及时转移注意力等方式来自我放松，从而鼓励自己克制冲动的情绪。

中国有句古话："忍一时风平浪静，退一步海阔天空。"这句话就是要告诉我们，在某些容易引起人情绪波动的特殊情况下不要意气用事、不要冲动。因为在缺乏周详考虑的情况下，头脑一时发热，做起事来也会不假思索，这样就很容易草率地做出伤害自己和他人的举动。

愤怒是一种人的需求得不到满足的消极情绪，而冲动就是一种瞬间的情绪释放，在你冲动地想要说一些话和做一些事情的时候，愤怒就会像暴风雨一样来得猛烈、去得迅速，可是在短时间内又会有较强的紧张情绪和行为反应。所以，当愤怒的情绪郁结在心中时就会产生巨大的力量，一旦发泄到外面，就会造成无法估计的损失。

因此，要想成功地操纵自己的情绪，就一定要远离冲动，不要草率地去作一些冲动的决定，否则只会给自己平添许多的遗憾和悔恨。

笑对沉浮，静观起落

用平和的心去对待生活，
你会发现生活原来是如此的幸福、美好。

很多时候，冲动不仅会让人思想上失去冷静，心理上失去平衡，甚至还会让人在遇到事情的时候不用心去思考，看到些什么，或者是听到些什么，就认为是什么，从而失去了正确的判断能力。

在现实生活中，我们在遇到事情的时候总是会太过于冲动，其实象征一个人真正成熟的标志正是要懂得遇事冷静，不冲动。能够放下冲动的人具有十分深沉的能力，行事起来也不会太过于仓促，不会被一时的情绪左右思想。只有放下冲动，我们才可以学会淡泊，才能够做到品味生活中的那些小细节、小幸福。

有一个人去几十里外的陌生村庄买了满满一车的西瓜，用拖拉机拉着赶往城里卖，希望可以大赚一笔。由于是山路，所以一路走来都是坑坑洼洼，非常颠簸，再加上他对这一带又不熟悉，又急着赶路，所以就赶忙向路边的一位农夫打听要走多久才可以走出这条颠簸不平的山路。

"你先别着急，要慢慢走，再过 10 分钟就能到大路了。"农夫回答道，然后他又赶忙提醒，"但如果你快速赶路的话，就会耗费掉你很多的时间，甚至还会白赶路。"

"他说的这是什么歪理啊？根本就是在胡说八道！"这个人根本就没有理会农夫所说的话。问完路以后，就急急忙忙地加速前进。不料还没走多远，车轮就被大石头给撞上了，装满西瓜的车也猛烈地摇晃了起来。有不少西瓜都从车子上面滚落了下来，由于车速的冲击力太大，轮胎被锋利的石头尖给划破了。不但西瓜摔坏了，连车胎也被撞坏了。后来，经过一番努力，终于把车子给修好了，也把落在地上没有被摔坏的西瓜重新装上车，可以开动继续前行了，可是他却累得没有力气了。他非常疲惫地回到了驾驶座上，想要快点儿赶路都不行了。

这个时候，他忽然想起了农夫刚刚所说的那番话，才恍然大悟。在剩下的路上，他十分小心地开车慢慢行驶，不一会儿就来到了大路上面，只不过，那个时候天已经完全黑下来了。

如果不是因为他太过冲动急躁，就不会把车子给撞坏，也不会耽误时间还赔本。有的时候，一时冲动急躁地去做一些事情，反而不能很好地解决问题，甚至还会让问题变得越来越糟糕。只有拥有一个平和的心态，才能让自己在做事的时候不会太过于冲动。

有一位父亲在过世之后只留给了儿子一幅古画，儿子看完了以后感觉十分失望，正打算把画收起来的时候，忽然发现画的卷轴似乎非常重，就急急忙忙撕开了一角，赫然发现里面藏了不少的金块，于是就立刻将整幅画给撕破了，顺利地取出了里面的金块。但是，紧接着又发现金子中间又夹杂了一张小字条，字条上面提到这幅画是古代名家大师所画的无价之宝。可惜画已经在他的冲动之下被撕得破碎不堪，再怎么后悔也为时已晚了。

从这个故事我们可以看出，儿子因为一时冲动造成了无法弥补的遗憾。因此，我们必须要充分地认识到冲动的危害性。只有充分地认识到它的危害，才有可能有动机和力量去克服它。当然，有的时候我们也不妨借助外部的提醒或者帮助。例如，林则徐每到一个地方，就会在书房最显眼的地方贴上"制怒"的条幅，以此来随时提醒自己不要随意冲动发火。其实，这些方法并不复杂，我们也可以给自己立下个座右铭，时常告诫自己，以便自己能够迅速地从冲动的情绪当中解脱出来。

在美国有一个小男孩叫史蒂夫，他一直都是一个非常顽皮的孩子。他非常喜欢汽车，在他的房间里面也摆满了各种各样的汽车模型。史蒂夫的最大梦想就是能够拥有一辆真正的汽车。可是，正是因为他痴迷这些，所以总是不好好上学，学习成绩也是一直很差。史蒂夫的父母为此很是着急担心。

有一天，父亲把史蒂夫喊到了身边，然后对他说："孩子，你想拥有一辆真正的汽车吗？""当然想了，爸爸！"史蒂夫快速地回答，并用充满期待的眼神看着父亲。"那这样吧，孩子，不如我们来做个约定，只要你可以考上大学，我就送你一辆汽车怎么样？""真的吗？！"史蒂夫感到有点儿不可相信，在得到父亲肯定的回答以后，史蒂夫开心地答应了这个约定。

从这以后，史蒂夫再也不像以前那样喜欢贪玩了，他开始把所有的心思都用在学习上面。功夫不负有心人，史蒂夫终于如愿以偿地考上了大学。他高兴极了。史蒂夫感到开心的真正原因是他终于可以拥有一辆汽车了。

"爸爸，我考上大学了，你看，这是我的录取通知书。"

"太好了！祝贺你，史蒂夫！"

"爸爸，你不是答应过我，只要我考上大学，就送我一辆汽车的吗？"

"当然了，你赶紧去你的书房看一下吧。"

书房里面怎么可能会放得下一辆汽车呢？难道爸爸是在骗我吗？史蒂夫这样想着，等到走到书房以后，发现里面和平时一样，除了书本，根本没有什么汽车。想到爸爸骗了自己这么多年，史蒂夫感到十分生气委屈。于是一气之下，就离家出走了。

这一走，就是整整 10 年。在这 10 年里，史蒂夫过得并不开心，他总是会想起家中的父母，担心着父母的身体健康。于是，他整理了行李，赶回了家中。可是当他回到了家中才发现爸爸早已去世，而妈妈也满头白发，苍老了许多。史蒂夫感到非常伤心，抱着妈妈大声痛哭。当妈妈问起他为什么当年要离家出走时，他哽咽着回答："爸爸当年欺骗了我，他并没有给我买什么汽车。"妈妈难过地回答道："你爸爸的确给你买了汽车，他把车钥匙就放在你书房的抽屉里。"

史蒂夫听到这里，不禁失声痛哭道："我当时为什么不好好看一下？我太冲动了，我好后悔，都怪我，爸爸，我对不起你……"

如果史蒂夫当年能够不那么冲动，肯好好看一下书房，也许就不会造成这么大的遗憾和悔恨。很多时候，很多事情就是因为我们无法控制好自己的冲动情绪，才会给自己带来那么多的烦恼。有这么一句话："冲动是一切悲剧的根源。"是啊，我们已经听说过很多因为冲动造成的悲剧。既然我们深知这个道理，为何还不放宽心态，用一种平和的心境去对待我们所遇到的问题呢？

我们用什么样的态度对待生活，生活就会同样回馈于我们什么样的人生。因此，当我们的内心情绪开始不平时，不妨先静下心来，告诉自己一定要冷静，不要太过于纠结。用平和的心态看待这一切就好。这样一来，你就会发现生活原来是如此幸福和美好。

幸福的花朵，需要用心浇灌

冲动的时候要控制好自己的情绪，
千万不能不顾一切后果而作出冲动的决定。

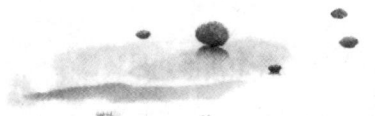

　　一个周末的晚上，梦婷在阳台上浇灌种植的花花草草，刚好看见和她隔着一条防火巷的邻居雅丽在阳台上整理旧物。雅丽的动作十分干净利落，物品之间发生的碰撞声，就像是来自她内心深处的抱怨。

　　这个时候，雅丽的丈夫从客厅端来了一杯热茶，双手捧到她的面前。这是一幅多么令人感动的画面啊，差点儿让人为之落泪。为了不打扰这对夫妻，梦婷轻轻地放下水壶朝屋里走。正打算转身的时候，听到雅丽的抱怨声："别在这里假惺惺地装好心了，我不需要！"也许雅丽需要的并不是一杯热茶，而是丈夫可以分担她的家务。但是，在丈夫对她表示关心的时候，雅丽实在不该一时冲动把所有的坏情绪都发泄到丈夫身上。

　　很多时候，一时冲动表现出来的情绪化很有可能会成为你自身幸福的杀手，让你变得面目可憎，受尽他人指责，冲动不是魔鬼，可是却能够把我们变成魔鬼。

114

我们所追求的幸福生活是一种平衡。我们应该努力去寻求自身情绪和常识之间的平衡关系，不能总是因为一点儿小事就大发雷霆。虽然平淡如水、没有波澜的生活会令人烦闷，但如果任由自己的感情肆意宣泄，那么你就有可能永远都不会拥有幸福。

　　在任何领域保持平衡的生活都是获得幸福的关键。只有真正掌控好自己的情绪，才不会冲动地去说一些伤害他人的话、做一些伤害他人的事，才不会让自己去吞咽因为一时冲动而种下的苦果。

　　一个良好的生活态度应该是从多个视角去审视自己的生活，并从中找到情感和理性的最佳搭配，这才是我们在追寻幸福道路上最值得尝试的一件事。

　　我们可以从下面这个故事中体会到一时情绪化的冲动是多么危险的一件事。

　　有一位非常富有的商人，有一天，他派家中的仆人去市场购买食物。可没过多久，仆人就匆匆赶回来了，并且脸色苍白、浑身颤抖地对他说："主人，刚才在市场里，我被一个女人狠狠地推了一把，我回头一看，发现是死神在推我。她还对着我做出了一副十分凶狠的样子，现在，请把您的马借给我吧，我必须尽快从这里逃走，才能躲过这个厄运。我要去萨马拉，只有到那里，死神才不会找到我。"

　　商人听后非常生气，觉得死神威胁自己的仆人就等于和自己过不去。但他还是将自己的马借给了仆人，仆人骑上马后，快速地朝远方奔去。

　　然后，商人来到了市场，他看见死神正站在人群当中，就气冲冲地走向死神问道："今天早上，你为什么要凶狠地威胁我的仆人？"死神听后吃惊地说："我根本没有威胁他，我只是感到意外能在这个地方看见他，因为今天晚上，我们约好要在萨马拉相见的。"

一时冲动的情绪化行为很有可能会成为个人心理发展的障碍，让人变得不理智，甚至还会做出一些不堪设想的事情。

日常生活中，过多的情绪化行为会影响人和人之间的和谐相处。对于整个社会来说，当人的情绪化行为逐渐演变成一种个人倾向时，就很难被社会所控制，严重的还会给社会带来损失。

那么，我们究竟应该怎样去控制自己的情绪化行为，让自己变得不那么容易冲动呢？

首先，要勇于承认自己情绪上的弱点，不要刻意回避自己的情绪。很多人都非常容易冲动，并且冲动起来就很难自我控制，这个时候要怎么处理呢？关键就是要正视自己的这个弱点，在此基础上再仔细分析自己喜欢冲动的原因，然后再找一些方法去努力克服。这样一来，就可以时刻提醒自己：不要冲动，冲动是魔鬼！

其次，要学会正确认识和对待社会上存在的各种矛盾。在看待问题时，要多看光明和积极的一面，这样才能让自己发现生存的意义和价值，让自己变得更加乐观向上，从而也增加了克服挫折的勇气、希望和信心，即使在遇到一些不平的事时也不会只顾冲动地发泄，而不顾及后果。

最后，要学会正确发泄自己的消极情绪。一般来说，当人处于逆境的时候就非常容易产生不良的情绪，当这种不良的情绪得不到很好的宣泄时，就很容易冲动地去做一些不顾后果的事情。这个时候，就需要在适当的时候将这种不良的情绪发泄出去。例如，找朋友喝茶聊天，找一些自己感兴趣的事情做，并从中找寻自己的精神安慰和寄托，让自己的不良情绪得以平复，切莫因一时冲动迷失了自我。

轻拭心头的尘埃

遇事时要冷静乐观，

做一个有头脑、够理智的人，去包容生活中的不平事，

这样我们的生活才会过得更加和谐、快乐。

著名的德国学者康德曾经说过："生气是拿别人的错误来惩罚自己。"的确，很多人在遇到一些不顺心事情时都会不问缘由地怒气冲冲、生气抱怨，这样做不但不能解决问题，反而还会严重影响自己的心情，让问题变得更复杂。

我们不妨先来看一个小故事。

一对刚结婚不久的男女去海边度蜜月。这一天，他们来到海边游泳，正在他们游得非常开心的时候，一只鲨鱼向他们游了过来。这对男女发现后，就拼命地朝岸边游，可是他们游的速度太慢了，鲨鱼很快就要赶上他们了。这个时候，只见那个男的用脚使劲儿地踢那个女的，然后又将自己的手给咬出一道很大的伤口。

那个女人对于丈夫突然做出的这种举动感到十分茫然，她不明白为什么在这种关键时刻丈夫要狠心踢自己。当她费尽全力游上岸的时候，看见丈夫

还在海里被鲨鱼追赶着。她的内心非常复杂，既担心又愤怒，幸运的是，一只船恰巧经过，把他救了上去，可是这个男子由于失血过多，已经昏迷不醒了。

女人看见丈夫这副模样，十分难过，可是一想到刚刚他在海里拼命踢自己，就气愤不已，并冲动地把结婚戒指从手指上拿了下来，扔给躺在地上的丈夫。这个时候，一位老人走了过来，对那个女人说："刚刚我在船上看到所有的一切，他踢你是为了让你更快地游向岸边，而他之所以咬破手就是为了用血去吸引鲨鱼追他，只有这样，你才有足够的时间游回岸边。"女人听完老人的一番话，抱着丈夫痛哭不已，为自己刚才的冲动行为感到后悔万分。

在日常生活中，很多时候，我们都会在没弄清楚事情真相的时候就先生气，等到我们了解事实的缘由后，又会后悔不已。既然如此，为什么我们不在生气想要冲动地做一些事情的时候先给自己一点儿时间，让自己冷静一下呢？

其实，每一个人都厌烦生气，可是为什么又会有那么多的人总是会因为一点儿小事生气呢？因为大家都有着许多的烦恼。但不管你的烦恼是什么，有多么令人气愤，你都要弄清楚，每个人都是为了追求快乐和幸福才来到这个世上的，既然大家的目的都是一样，那么为什么不将所有的事情都看开一些？并且我们生气冲动的结果往往都是不仅事情没有得到很好的解决，反而给我们带来了更多的麻烦。

市场上有一位妇女正站在一座居民楼的顶层上想要跳楼自杀，当地的民警接到报警后火速赶到现场，经过一个多小时的苦心劝说后，这位妇女终于放弃了跳楼自杀的念头，被大家带到了安全的地方。

经过民警的一番询问，才得知这名妇女原来是在农贸市场卖菜。一个星期前，她和附近的一位卖菜的老汉发生了争吵，事情的起因是因为老汉卖菜的价格要比她的稍微便宜些。原来，这位妇女的菜摊和老汉的菜摊是紧紧挨着的，前几天，老汉故意将自己的菜价调得比她的便宜些，导致很多原先喜欢去她家买菜的顾客都去了老汉家。这位妇女非常生气，就去找老汉理论，可是两个人说着说着就吵了起来，争吵了许久也没有得出个结果。回到家以后，这位妇女越想越生气，就将这件事情告诉了丈夫。

第二天一大早，这位妇女就和她的丈夫一起来到了菜市场，打算找老汉"算账"，在争吵的过程中，丈夫一时冲动便将老汉给打了一顿。老汉的家人急忙报了警，由于老汉只是受了一点儿轻伤，在经过民警调解过后，这位妇女和她的丈夫赔偿给老汉医疗费、营养费等共计 1000 元，但是这位妇女越想越觉得自己这钱赔得冤枉，一时气愤难耐，就冲动地想要跳楼自杀。

经过民警苦心劝解后，这位妇女说："我当时实在是太生气了，才会因为这点儿小事冲动地想要去跳楼，如果真要跳下去了，不仅害了自己，还会伤害到我的家人。"

事实上，这个故事就是为了告诉我们在遇到一些事情的时候千万不要一味冲动地去做一些令自己后悔的事情，而是应该先冷静下来，给自己一点儿时间，让自己的心绪得以平复，然后再作出相应的决定与行为。毕竟冲动是解决不了任何问题的，很多时候，给自己一点儿时间，反而是化解矛盾的良策，让事情得以更好地解决。

当我们在日常生活和工作中遇到一些令自己非常气愤的事情时，不妨先静下心默念一遍下面这首《不气歌》：

人生就像一场戏，因为有缘才相聚。相扶到老不容易，是否更该去珍惜？为了小事发脾气，回头想想又何必。别人生气我不气，气出病来无人替。我若气死谁如意？况且伤神又费力。

这首轻松幽默的诗向我们传达了这样一个道理：当我们遇到打击和伤害的时候，不妨想开一点儿，给自己一点儿时间冷静一下，以免伤害自己。

其实，我们每个人都知道生气只会伤害到我们自己，既然如此，我们就该在遇到生气的事情时先冷静下来，思考一番，把那股火气压一压，然后再好好想解决的办法，把原本不利的事情转变成有利的事情。也许一时冲动会坏了一件好事，但是只要肯静下心来认真想一想，就会把原本不好的事变成好事。

人生匆匆，如白驹过隙，生活中有那么多令我们开心的事情还等着我们去享受，我们又何必再花时间在生气上呢？我们每个人都要学会在遇到事情的时候养成冷静乐观的性格，做一个有头脑、够理智的人，去包容人生遇到的那些不平事，只有这样，我们的生活才会过得更加和谐和快乐。

放飞往事如烟

遇事时学会冷处理，
避免冲动。

　　日常生活中，我们每个人可能都遇到各种各样的矛盾，例如同事不和或者夫妻之间闹矛盾，等等。这个时候，如果只是一味冲动地发脾气和抱怨，反而会让矛盾变得越来越严重。我们不妨学会用"冷处理"的方法，将心中那团冲动的火气给浇灭。"冷处理"不仅可以很好地处理遇到的问题，同时还是为人处世的一种重要手段。

　　学会"冷处理"，你就可以冷静地面对所遇到的各种复杂的问题，可以从容不迫地化险为夷，转忧为喜；学会"冷处理"，你就可以做到大事化小，小事化了，让矛盾逐渐消失，转变成和谐的局面。无数的生活实践告诉我们：学会"冷处理"，是解决冲动的最有效办法之一。

　　在美国，有一名男子因为伤害他的前妻而被法院责令到心理专家那里接受心理辅导。可是这名男子并不愿意这样做，因为他始终认为自己的做法没有错，更不应该接受什么辅导。男子甚至还辩解道："我一般都是不愿意和别人发生冲突的，我总是尽量克制自己，哪怕在生气的情况下，我也不会随便骂人，包括我前妻，因为我不想伤害别人的感情或者是让他们感到难堪。那天我原本不打算和她发生争吵的，我本来是打算离开的，可是她站在门口挡住了我的去路，我才会一时冲动地推了她一下，然后她就打电话喊来了警察。"

既然是不想伤害任何人，为什么还要如此粗鲁地推开自己的前妻呢？心理专家相信他的本意也许并非是要伤害前妻，只不过他无法很好地控制自己的情绪，当他看到前妻挡在了门口，就一时冲动地上去推了一下，而这个举动也成为了他上法庭的重要依据。

在推开前妻的前一秒，他为什么不先想一下推人的后果呢？为什么不试着"冷处理"一下呢？如果他能够做到耐心听前妻的意见，那么等她吵累了，自己再安静地离开，那么又怎么会有上法庭一事呢？

每一天，我们每个人都要面对许许多多的选择。有的选择非常简单，例如今天穿哪一件衣服、早餐到底吃什么，等等；而有的选择却又是非常复杂的，例如到底要不要雇用这名员工？老板为什么给小张涨了工资而不给我涨？我是要去找老板说理还是私下里大骂老板一通？要不要问问孩子，她昨晚回来那么晚到底干什么去了？到底该不该控制一下自己的火气？即便你有足够的理由发火。

很明显，有的选择是比较妥当的，而有的选择却是恰恰相反的。生气只会让你缺乏理智，发火也只会让事情变得更加麻烦，这个时候选择"冷处理"，就会体现出你的大度和智慧。一个富有涵养的人是很少会用发火去处理事情的，因为他们知道，发火是解决不了任何问题的，只有"冷处理"才会将问题很好地处理掉。

李婷和金辉都是非常自我的人，他们在结婚以后，总是不断地发生争吵，彼此之间又不肯互相谦让。李婷怀孕以后脾气变得更加暴躁，金辉一气之下，在外面就有了外遇。在他们的女儿刚满一周岁的时候，两个人就离婚了。当金辉和林林再婚的时候，李婷跑去婚礼上大闹了一场，说金辉是一个不负责任、花心轻浮的感情骗子，还说林林是一个只会勾引别人丈夫的狐狸精，最终也会被金辉这个花心公子给抛弃。整场婚礼被弄得十分狼狈，参加婚宴的宾客也是议论纷纷。

其实，林林并非是李婷和金辉之间的第三者，23岁的林林是一个非常单纯善良的姑娘，她是在他们离婚以后才和金辉相识并相爱的。李婷在婚礼上的大吵大闹让林林非常伤心难过，可她并没有抱怨，也没有冲动地指责任何人，而是选择了"冷处理"去解决这件事。

在李婷大闹婚礼的时候，林林阻止了娘家的一些朋友，让李婷尽情地发泄心中的情绪。李婷不仅大声责骂着一对新人，甚至还掀翻了婚礼上的许多物品，可是自始至终都没有任何人回应她，最后她只好愤怒又难过地离开了。第二天，林林独自去看李婷和她的女儿，并给她们送去了一笔钱，说这是她和金辉的一点儿心意，希望孩子可以得到很好的抚养，让李婷不要那么劳累，还说金辉对不起李婷，她也觉得非常愧疚，想要尽自己最大努力去补偿她们。

李婷也并非是一个蛮不讲理的人，当她得知林林并不是自己当年婚姻的第三者时，再看着这个比自己小7岁的女子可以如此大度，任由自己在她的婚礼上大吵大闹，就觉得非常不好意思，再看到她给自己孩子送来了抚养费和说出的那番话，就更加感到愧疚了。就这样，李婷再也没有去找过金辉和林林的麻烦，而金辉也因为林林的这个做法而更加珍惜这份感情和婚姻。

在金辉和林林的婚姻中，每当金辉发脾气的时候，林林总会坐在一旁安静地听着，等到金辉说够了，林林就会端上一杯水说："累了吧，那就先喝点儿水休息一下吧。"如果不是什么大事，那么这杯水就是两人矛盾的结点，如果涉及一些原则性问题的话，那么林林就会在金辉冷静的时候说出自己的想法。时间一久，原本脾气暴躁、容易冲动的金辉也不再乱发脾气，开始平心静气地和林林过日子了。

如果当年李婷可以像林林这样懂得"冷处理"，而不是在出现问题的时候就冲动地大吵大闹，也许后来她就不会和金辉走上离婚这条路，更不会在婚礼上大吵大闹，被众人指责了。当林林在面对问题的时候，并不是冲动地去和李婷互吵，而是采用了另外一种方法去处理问题，这样做的结果不但让丈夫的前妻对自己慢慢地消除了敌意，甚至还让丈夫对自己更加感动和尊重。

什么是"以柔克刚"？就是林林的这种克制冲动的"冷处理"做法。夫妻和情侣之间是需要相互磨合的。而磨合，就是一种"冷处理"。就好比我们的舌头和牙齿一样，也会有发生碰撞的时候，更何况是两个具有独立个性和见解的人？人和人之间相处，难免会出现一些摩擦，当出现矛盾的时候，千万不要一时冲动地去肆意发泄心中的情绪，不妨先冷静下来，给自己多一点儿理性的分析，多想想对方的优点，及时进行沟通，这样一来，还有什么问题不能解决呢？

因此，当我们在遇到一些想不通的事情时，不如先暂时将它们放一放，把注意力先转移到别的地方去。遇到事情的时候也要多一份冷静，学会"冷处理"，避免冲动，长此以往，你会发现你的人际关系会越来越和谐。

沐浴温暖的阳光

生活需要退让，
快乐需要妥协。

　　生活中我们常会见到，人们因为一点小小的芥蒂，就一瞬间亲朋变仇敌。某个网络论坛上曾发布了一个帖子，讨论男女吵架后谁应该先妥协。这个帖子的大意是：我们这一代人基本上都是独生子女，从小娇生惯养，难免都有些小脾气、小性格。但是生活毕竟是两个人的事情，不能一个人只顾撒娇任性，不顾及别人的感受。所以，网友的结论是：两人相处时，遇事要多沟通、多了解，根据实际相互迁就。美食需要一点盐味来均衡味道，生活的快乐也需要妥协来找一点平衡。你和心爱的人生气时，一般都是谁先妥协呢？

　　其实，不光是在恋爱中需要妥协，在生活的各个角落都存在着并且需要妥协。妥协看上去不过是大家各退一步，但实际是一门无处不在的学问。

　　人生很复杂，我们会遇到各种各样的人，也会面临各种各样的纠纷。那么，什么时候应该坚持，什么时候应该妥协？不同的人有不同的解释，不同的人有不同的选择，公说公有理、婆说婆有理，大家似乎永远也无法说出谁是绝对正确的，而谁又是绝对错误的。

总体说来，大家一般认为，年轻人和中年人要多一些坚持性的选择，少一些妥协性的行为。有一篇文章认为：人就应遇挫而更强，不要用什么"退一步海阔天空"来安慰自己，只有不给自己任何精神懈怠的由头，才能继续去追求更快、更高、更强的奥林匹克精神，才能够保持住年轻人应有的弹性和冲劲儿，去开创自己的一片天空。

　　不顺心的事情总是那么多，在残酷的现实面前，人们不得不妥协，不得不低头。河流之所以能够纵横千里，不是因为穿透每一座山川，而是懂得避让每一块石头。如果一味地坚持，我们有时难免被无情的现实撞得头破血流，而且很难被现实社会所接纳。无数的生活经验告诉我们，适时的妥协能够帮助人们跨越或者躲过障碍，从而在绝处逢生。如果说坚持使人成功，那么我们还要记得，妥协则使人和谐。成功的人生，既要坚持进取，也要懂得平衡各方的关系，唯有刚柔并济，海纳百川，才能够一往无前实现自己的目标。究竟应该坚持几分，妥协几分，这一点对于每一个人都不一样，必须结合自己的情况寻求一个平衡点。当生活的压力扑面而来时，我们要懂得留给自己一定的弹性空间，确保事业成功和心灵平静。晚清名臣曾国藩有"打掉牙，和血吞，有苦不说出，徐图自强"的立身处世原则，但是这种原则恐怕只适用于像他一样的坚强的人，而且也只有在类似的人生经历下才能够产生效果。若是换成他人，可能早就被现实所击溃，茫茫然而不知所措。在晚清的历史境遇下，或许还有人因为这样做而丢掉乌纱，甚至丢掉了脑袋。

　　我们往往有一种观点，认为妥协了就会被人当作软弱看待。是的，在大部分情形下，妥协总是以弱者的形象出现。但是我们必须区分清楚，妥协到底是人生的选择，还是一时的权宜之策。向历史妥协，那往往就是停滞不前；向敌人妥协，那就是罪人；向生活妥协，那就是懦夫。当妥协成为一种投降之举的时候，人就会遭到历史的辱骂，遭到强者唾弃，遭到大家的鄙夷，那是不光彩的。

那么，难道妥协的人就注定低贱吗？错了。妥协并不完全是软弱，而更多地属于计策、属于智慧。社会需要妥协，没有妥协就没有安定；家庭需要妥协，没有妥协就没有融合。在不同的利益面前，在不同的观念面前，在不同的角度面前，大家难免会产生分歧。如何平衡这些多维度的问题，正是一个事业成功者必不可少的技能。

美国著名散文家爱默生说："事物都是相互妥协的。就是冰山也是会时而消融，时而重新凝聚。"人生就像植物一样，也有生命的四季：春天萌芽、夏天成熟、秋天收获。而当寒风凛冽，千里冰封，万里雪飘，大江南北都天寒地冻的时候，我们就要学会妥协。叶子要落下来，融化在土地里；生命的根系要深深地藏在地下，默默吸收养分，等待春天到来的时候，再重新孕育生机，沐浴温暖的阳光，尽情展现生命的颜色。

生活需要退让，快乐需要妥协。只要记住，妥协不是无原则的让步，不是面对艰难时的绝望，更不是走投无路时的投降。妥协是我们在爱的基础上做出的退让，是在权衡全局之后为了更好的未来而做出的理性选择。说到底，生活就是一门妥协的艺术，而妥协则是一门智慧的艺术。

第六章

水尽疑似山穷，柳暗迎来花明

——慢下来，把危机酿成诗

"山重水复疑无路，柳暗花明又一村。"如果有人关上了你的一扇门，不要困惑，不要苦恼，更不要抱怨。你只需转过头，看一看那敞开的窗，或许你不爱门前的花红柳绿，爱的是窗外的烟锁池柳；或许你不爱门前的车水马龙，爱的是窗外的寂静悠然。

细观阴晴圆缺

不在变化里发展，
就要在变化里灭亡。

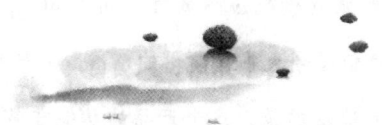

"月有阴晴圆缺，人有悲欢离合"，世界不是一潭死水，永远恒定不动。即使你认为这一潭水表面上波澜不惊，也难保有暗流涌动。孟子说，"观水有术，必观其澜"。我们观察一件事情，不能只看表面现象和明显的动向，而要注意体察细微，感受平静水面慢慢播散的水纹。如果不能掌握变化，也就不能把握机会，既然对细节体会不到，那就更谈不上珍惜机会。

作为世界信息产业的老大，在很长时间内，微软对市场的把握能力牢牢占据领先，无人能望其项背。近年来，互联网业风生水起，国际上各种实力雄厚的公司争先恐后准备分一杯羹，可谓百花齐放，百家争鸣，整个市场的竞争也越来越激烈。基于市场份额的变化，有人认为微软在未来网络时代的支配力量将逐渐减弱。但是，从目前的新变化来看，这样的断言还是稍显过早。已经发生过的无数事实证明：微软在每个方面的竞争都有很强的潜力，即便一开始落在人后，最后总能转败为胜，并能够以强势掌控局势。在前几年，由于受到垄断指责，在旷日持久的案件审理冲击下，微软不仅屹立不倒，反而处处撒网，遍地开花，取得了更大的成就。这种掌控力，不能不说得益于微软对于变化的有效掌控。

作为微软的创始人之一，比尔·盖茨对这种能力有着深刻的体会。1982年，盖茨在参加计算机行业大会时被一款软件震惊了。这款产品叫作 VisiOn，由当时世界上最强的微机应用软件公司 VisiCorp 展示，有三个完整的系列。该产品的功能类似于今天普遍使用的 Windows 与 Office 系列产品。

令盖茨感到惊讶的是，这个产品的功能非常齐全，如果上市，会是微软拳头产品 MS-DOS 的最大克星，必将对微软的市场产生巨大的冲击力。如果这样的担心成为事实，成立才 7 年的微软计划通过 MS-DOS 建立行业标准的努力将付诸东流。

不过，每一次变化中都会有契机存在，所谓"毒草百步之内，必有解药"。当我们面临问题的时候，必须学会变通，将潜在的危机转换为机遇。盖茨没有就此束手待毙，他要先发制人。他和他的微软迅速发起一场新战役，大力向用户宣传此时还未面世的 Windows 操作系统。就当年的处境来说，微软这样的做法实在有些惊心动魄，不仅仅因为这套软件还未面世，还因为 Windows 此时几乎就是还没开始设计。简单地说，盖茨使出了一手"无中生有"。

虽然风险很大，这就是竞争，这就是市场。盖茨不可能让机会轻易溜走，他必须把握住这一变化，并在这一次变化中掌握绝对的主动权。为此，盖茨力求从心理上和精神上赢得客户。与此同时，微软的目的也很明确，就是要瓦解竞争对手的核心力量，而不只是促进自己产品的销售。依靠先发制人的营销策略和与设备制造商的战略伙伴关系，微软对 VisiCorp 发动了精准的攻击。盖茨的战略生效了。当 VisiOn 在不久之后正式开始销售时，这款产品已经无法逃脱 Windows 的幽灵。事实上，VisiOn 这款产品几乎卖不出去了，因为整个世界都已经做好准备在等待着 Windows 的面世。

盖茨胜利了，这是因为他把握住了变化中的机会。劲敌当前，他不但没有损失，反而攻城略地。

生活中处处充满变化，能不能看透每一个变化的内涵和动机，就决定了你能不能嗅到机会的味道。机会就在那里，只不过那可能是别人的机会，也可能是自己的机会。珍惜机会，不在于机会来了你才作出决定，而在于你能不能提前预判到它的到来。要想避免在竞争中处于劣势，就不能在变化中束手无策。

有个人家里有一片鱼塘，他每年都要靠这片鱼塘赚钱养家。可是问题出现了，鱼塘附近忽然出现了好多鱼鹰，常常来抓鱼吃。这人想要赶鱼鹰却发现不好赶，想要抓又抓不住，为此很是发愁。

一天，鱼鹰又来吃鱼。养鱼人看见了，立即跑过去冲它们挥挥手，鱼鹰因为受惊一时散开，但很快又试图回到鱼塘。就在此时，养鱼人忽然灵机一动，想出了办法。他扎了一个稻草人，插在鱼塘里吓唬鱼鹰。起初，鱼鹰以为是真人，一点都不敢接近。可是渐渐地，它们见鱼塘里的人总是一动不动，就发现这是个假人，又飞下来啄鱼吃。鱼鹰吃了鱼，就站在草人的斗笠上，边晒太阳边休息。

养鱼人很生气。经过苦苦思索，他又想出来一个计策。趁着鱼鹰不在的时候，养鱼人悄悄披上蓑衣，戴上斗笠，手里拿根竹竿，像草人一样伸开双臂站在鱼塘里。当鱼鹰又来的时候，它们以为鱼塘里还是原先的假人，就又大胆吃鱼。吃饱后，它们照例站上"草人"的肩膀休息。养鱼人趁着鱼鹰不注意，一伸手就抓住了一只。

这个故事告诉我们，做事要看变化，不能一成不变。鱼鹰没能发现变化了的环境，只能掉进养鱼人的陷阱。想想自己，你是鱼鹰的时候多呢，还是养鱼人的时候多呢？

信息时代给我们带来的最大便利，就是让我们能够随时随地了解变化。世间万事有如风云变幻，这一秒天空明朗如镜、云淡风轻，下一秒可能就会风起云涌、阴霾满天。任何一个微小变化，都可能改变一个人的一生。至于能否把握，那就全靠自己的见识了。如果不能把握关键机遇，我们很可能就会陷入被动的状态。因此，珍惜机会，关键就在于把握住每一个变化，并参透个中玄机。

或许我们可以说，不在变化里发展，就要在变化里灭亡。一个小小的变化，可以是发展的机会，也可以是失败的征兆。我们不应眼睁睁地看着机会到来，并且成为对手的利器，而要懂得珍惜，让一切机会都为自己服务。

无声胜有声

万事风云变幻，
我自静观其变，
以不变应万变。

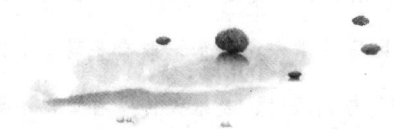

　　虽然变化的事物看起来千变万化难以揣测，但在面临变化之前，最厉害的一招恐怕是"静观其变"，以不变应万变。金庸小说《笑傲江湖》中，男主角令狐冲从本门派老前辈处学的"无招胜有招"的武学哲学，一举进入武林高手的行列，关键就在于能够以不变应万变，但又别有新意。所以，临危不乱的好处关键在于能知晓对方心思，沉着应付，只要处置得宜，就能渡过险关得见祥云。

　　临危不乱，最简单的原则是，在大局变幻莫测之际，确认并坚守自己的原则。把握大方向是根本，稳定心理是宗旨，然后以静制动，灵活应变。三国时蜀国姜维在与魏国邓艾斗阵时大破对方，用的即是这种方法。

　　当时，司马昭之心路人皆知，曹家天下不稳，姜维趁此机遇再度北伐。蜀兵出了祁山，在谷口扎下左中右三座营寨。此时，姜维军情有变，没有料到邓艾早已获知蜀军扎寨之处的地理情况，事先挖好地道，直通蜀军左营。

见姜维中计，邓艾十分高兴，当即命令部将邓忠、师纂各自引兵一万，左右同时攻击。此外，他又命令副将郑伦带500军士进入地道，从蜀军左营地下拥出，准备和邓忠、师纂来个里应外合。

蜀军左寨将领王含、蒋斌当夜本有提防，但是忽听军中大乱，虽然各操了兵器立即上马应战，无奈邓忠等已杀到。王、蒋二人抵抗不住，只好弃寨而走。姜维看得明白，料定是内应外合，便跳上战马立于中军帐前，当下传令说："蜀国兵马一律安守营寨，敢有妄动者斩！若有敌兵到营前，休要问他，只管放箭！"与此同时，姜维又传令右营也不要妄动。经过一番安置，魏兵与蜀兵果然分开，对手的十余次攻击也都被迅速射退。一直到天亮，魏军都只敢乱喊而无法进入蜀国兵营。见对方如此战术，邓艾只好兵收回寨，暗自叹服说："姜维深得孔明之法，兵在夜而不惊，将闻变而不乱，真将才也！"

第二天，姜维趁着敌人军心不稳，立即出营与邓艾斗阵。邓艾不是对手，差点儿全军覆灭。

人生多纠葛，亦如用兵多玄机，如果自己慌乱，即便对手准备不足也必导致失败；而如果能够以静制动，即便一时动乱也自然会风平浪静。这就叫作镇定自若，专注而又不顾此失彼。

正因为可以以逸待劳，许多人都认为天下最厉害的一招是"不变之变"。大家知道，这"以不变应万变"，是一种兵法，也是一种做人处世之道。这样做的好处是，只要静观其变，我们就更容易探知对方心思，可以更加精心准备与其交往所必需的防备，可以临事不乱，处置得宜。凡是成大事者，几乎无不有以不变应万变的功夫。

唐朝末年，天下大乱，黄巢率领的起义军声势浩大，纵横大半个中国，所到之处无不攻城略地。不久，黄巢军便占据长安，唐朝君王只能暂时撤到都城之外避祸，李氏政权岌岌可危。此时，李克用奉命带兵讨伐叛逆，援救诸侯。正当李克用整装待发之时，唐将朱全忠与杨彦洪又共同谋变，倒戈攻击李克用。对于这一内乱，李克用可谓措手不及，没来得及与其硬战，便仓皇逃去。朱全忠为人阴险狡诈，眼看李克用逃去，谋杀不成，便灵机一动，将一起叛变的杨彦洪射杀，对外声称是杨氏叛变。朱全忠企图借此掩人耳目，隐藏自己叛变的真面目。但李克用并没有改变自己的看法，他边逃边骂，发誓要亲手杀了此人。

　　李克用部下有人逃回府邸，将兵变消息禀报给了李克用妻子刘氏夫人。刘氏虽是妇人，却是一位有智有谋的巾帼英雄，并非等闲之辈。她听到消息心里很是震惊，但表面上却很镇静，声色不动，仿佛若无其事，还立即下令将那报告朱全忠叛变的人推出去斩杀。她认为，如果让更多的人知道此事，府内肯定乱作一团，说不定还会有人举兵响应叛变。那样，局面就没法收拾了。所以，府上绝对不能惊慌，不能失去信心和自制，同时还要封锁消息，万万要保持府中原有的平静。报信的人是信息源，很容易散布不稳定消息，所以刘氏认为应该将他们斩杀。

　　不久，李克用怒发冲冠地回家了。见到丈夫如此，刘夫人仍保持镇静。听着李克用发誓再集中兵力，全力讨伐朱全忠，以解心头之恨，刘夫人此时站出来提出异议。她说："你此次带兵伐叛是为国讨贼，并不是为了个人的怨仇。现在，汴州人朱全忠突然叛变要谋害你，当然令人气愤，我也十分生气。所有人都觉得他该伐该杀，可是，如果你真的现在带兵去攻伐他，你保卫大唐的任务就完成不了，而且也改变了出兵的性质，变国家大事为个人怨仇小事。这岂不是得不偿失？我认为，朱全忠叛变的事，你应该上书朝廷。由朝廷决议之后，以朝廷之名兴兵讨伐他。那岂不是更好？"

李克用听了夫人这番话后茅塞顿开，一时间怒火顿消，并听从了夫人的意见，不再将注意力放在攻打朱全忠上了。不过，他还是给朱全忠写了封信，责备他试图谋反，大逆不道。朱全忠回信自然把自己的责任推得一干二净。

后来，李克用集中注意力维护唐廷，在朝廷重用下，率军打败了黄巢军。之后唐朝灭亡，李克用便长期割据河东，与占据汴州（今河南开封市）的朱全忠（后梁的创立者）连年对峙。他死后，其子李存勖建立后唐，追尊他为太祖。可以说，李克用的成功，全得力于他夫人刘氏的这一判断。

前车之鉴，后事之师。今天我们读史书，可以观察到，刘氏夫人对这件事的处理是很有分寸的，不但有理有节，以大局为重，而且果断应变，沉着不慌。倘若李克用没有听从刘氏夫人的话，或者刘氏夫人不够贤惠，怂恿李克用发兵讨伐朱全忠，其结果如何，乃至于谁是谁非也就很难说了。

所谓善处者，即那些能够临危不乱，遇非常之事反倒愈加善于冷静处理，权衡利弊不感情用事的人，他们往往能够在大乱面前镇定自若免招致被动。在日常生活中，我们也会面对各种令人感到棘手的大事小情，在处理这些事情时，以不变之变去面对它，不失为一种机智。特别在某些万般复杂情势不明的情况下，须用此计静观其变，以求应对。但是要记住，静观其变并非什么都不做，而是要扎紧篱笆，看好门户，自己不出内乱，方能拒敌于千里之外。

冰心静对晚来风

人生的道路上，必然有阳光也有风雨。

阳光时淡然，风雨时坦然，才能一路前行。

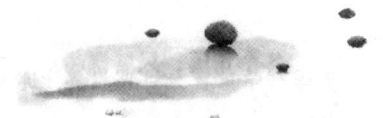

哲学家威廉·詹姆斯说过："要乐于承认事实。能够接受已发生的事实，就等于迈出了克服任何不幸的第一步。"如果你在自己的生活中，能够坦然地面对并接受现实，那么离走出困境也就不远了。

在人生的道路上，必然既有阳光也有风雨。可能有人是含着金汤匙出生的，但没有任何一个人一生都走在无风无雨的道路上。一个人要想赢得人生，只有坦然接受、面对人生中的失败与挫折，并学会克服。当我们不再诅咒那些不能改变的事实之后，我们就能节省精力，去开拓更广阔的空间，去创造出一个更为丰富的人生。

对于同样一件事情，聪明人和普通人的态度往往是完全不同的。聪明人的所谓聪明之处在于他们面对生活的态度和热情，而这也正是他们获得大家认可的关键因素。当所有人都认可你的时候，你的事业自然风调雨顺。没有人会将关键机会交给连自己都不信任的人。人的生命意义因为每个人的观念而不同，而生命只会拥有我们赋予它的那种意义，与此同时，每个人都是自己命运的设计师。

德国伟大的文学家歌德说过："人生的价值及其快乐，在于一个人有能力看重自己的生存。"生命的意义在于，人类通过自己的力量可以使自己和他人的生命变得自由和幸福。如果这种努力做得越多，成功的机会就越大。法国哲学家萨特也说，人类存在的意义，就在于证明自己的价值。而要证明自己的价值，就必须学会正确对待世界，我们需要坦然面对一些事情，然后努力去改变。

英国科学家霍金可谓世界上最知名的天体物理学家了，而他也是最能体现"风雨后见彩虹"的人生表率。霍金的生平非常富有传奇色彩，在科学成就上，他是有史以来最杰出的科学家之一，甚至被学界和媒体誉为继爱因斯坦之后最杰出的理论物理学家。他是英国皇家学会会员，还拥有好几个荣誉学位。虽然成就如此辉煌，但与其巨人般的学术成就相比，其身体却非常不好。因患卢伽雷氏症，他被禁锢在一张轮椅上达二十年之久，手不能写，口不能言。虽然如此，霍金仍然想方设法延续自己的学术生命，最终超越了相对论、量子力学、大爆炸等理论而迈入创造宇宙的"几何之舞"。尽管他的身体那么无助地坐在轮椅上，他的头脑却出色地遨游到广袤的时空，为我们解开了更多宇宙之谜。

1991年3月，霍金坐着轮椅回自己的公寓，在过马路时不慎被一辆汽车撞倒，造成左臂骨折，头也被划破而缝了13针。但仅仅48个小时后，他又回到办公室投入了工作。1985年，霍金在医生的建议下动了一次穿气管手术，从此完全失去了说话的能力。然而，就是在这样的情况下，他还是靠着顽强的毅力写出了著名的《时间简史》。

不论从哪一方面来说，霍金都是令人不得不佩服的表率。他坦然面对人生的苦难，克服了残废之患，并且一举成为国际物理界的超级新星，这种艰辛而卓越的历程令人不由肃然起敬。伟大的俄国作家陀思妥耶夫斯基有一句话十分令人震撼，用来描述霍金或许非常合适："我只担心一件事，我怕我配不上自己所受的苦难。"霍金配得上他所受的任何苦难，因为每一次苦难的袭来都让他为人类作出更大的贡献。

　　面对苦难，我们既不能视而不见，也不能退避三舍。如果事情已经发生，我们别无选择，那么就只能而且应该坦然面对。茫茫人生路，永远不会像你暗自想象的那样一帆风顺。很多时候，你需要经过大浪的洗礼，才能到达海的彼岸；也许，你还需要经受夏日般炙热的照射，才能迎来丰收的秋季；甚至，你不得不经受冬季刺骨冰冷寒风的冲刷，才能迎来春暖花开；最糟糕的情况下，你也许要经受大漠荒凉干涸的折磨，最终才会迎来绵绵细雨的润泽。然而不管怎样，唯有放弃抱怨，泰然处之，沉着应对，你才能得到意外的收获。如果一开始便手忙脚乱，那么你可能永远也见不到幸福的愿景。

　　我们就是要学会这样坦然地面对生活、面对一切。在不顺心的日子里，我们总感觉活得真烦，试图寻找千百种理由对之谩骂，然而岁月浮沉，当你今天蓦然回首曾经走过的那些岁月，真会"那人却在灯火阑珊处"，别有一种滋味浮上心来。泰戈尔说过，天空虽然没有我的痕迹，但我已飞过。这无疑是诗人对坦然的最好诠释，也是我们生活的真谛。当我们真正学会"坦然"面对时，我们的心才会变得坚强，我们的生命也才会因此变得更加坚忍。

　　坦然，不仅仅是得意时的轻松和快意，而更是一种失意后的乐观；坦然，是沮丧袭来时我们为了更进一步而做出的自我调整；坦然，其实就是平淡中生发出来的一份自信。坦然面对生活，就是一种积极的人生态度。

欣赏天蓝绿树的天晴

改变世界比较困难，不如先改变自己。
自己变了，世界也跟着变了。

音乐之王舒伯特说过："只有能安详忍受命运之否泰的人，才能享受到真正的快乐。"人生往往会很无奈，你要面对自己不想面对的环境，你要遭遇自己不想见到的人，你要处理自己不曾想到的麻烦。当我们处于不可改变的不如意的环境时，谁能够从容地由不如意中发掘新的道路，谁就做出了最明智的选择，也就能最早推开快乐的大门。

很久以前，有一个印度国王，他统治着的这个国家十分富裕。有一天，他到很远的地方去做了旅行。在他的一生中，从来没有走过这么远的路，而且这条道路的路面异常坎坷不平，都是他前所未见的事情。回到皇宫后，这位国王不停地向侍臣们抱怨脚疼。痛定思痛后，愤怒的国王向天下发布了一条诏令，要求老百姓用牛皮铺好他要走的每一条路。很显然，这是一项巨大的工程，不仅需要耗费巨额的金钱，还要耗费巨大的民力，此外牛皮供不应求，也是个问题。这时，一位耿直的大臣冒着杀头的危险进谏国王，对他说道："陛下，为什么您一定要花那么多不必要的金钱呢？依我看来，陛下不如剪两块小牛皮包在自己的脚上。"听了这位大臣的话，国王恍然大悟，认识到自己的错误，所以立刻接受了这个建议。国王命人为自己做了一双漂亮又实用的厚底牛皮鞋，由此如愿以偿，再也没有脚疼过。据说，这就是皮鞋的来历。

国王的经历说明，改变外部大环境何其难，与之相比，改变自己的处世方略和行动手段就显得太容易了。如果改变自己的策略就能达到预期的效果，谁还去费力不讨好地改变艰难险阻的环境呢？

这个道理看起来简单，可做起来却未必容易。自从工业革命以来，几百年的时间里，我们人类都是高唱着"人定胜天"的旋律，大刀阔斧地对自然进行改造，结果资源被无限制开掘，环境污染越来越严重，我们的生活虽然似乎越来越便捷，但是麻烦却也与日俱增，幸福和悲伤泥沙俱下。直到最近一个世纪，我们才幡然悔悟：强调改变自然，不如改变自己，让人类和自然和谐共处。

做人也是如此，如果你企图改变外部环境，那么不如考虑先从改变自身做起。

有一个心理咨询师经过调研发现，前去找他咨询的人，大多数总是习惯于抱怨身边的人——上司、下属、客户、老公或老婆、朋友、亲属。这些客户无一例外地认为，都是这些环境因素搞得自己失败或者不开心，他们相信，如果换一个环境，自己就能取得优异的成绩和卓越的成就。

在这些客户中，有一个人告诉心理师，自己有清晰的目标，也很愿意做事情，但很多时候总会遇到不确定的因素，比如市场价格的变化等。心理师听后当即给了他一个解决办法："你的意思是，如果你要完成目标的话，就一定要市场不变化，客户不出现问题。这说明什么呢？你对外部条件要求很高。

务必要有很多美好的环境因素满足，你才可以成功。反过来说，你会不会觉得，你达到目标的能力就很低呢？如果环境总是那么好，什么样的人不能够做完这个工作呢？”那个人听后低头不语，最后终于明白，真正的问题在于自己。

环境是自然天成的，也是人为操纵的，但我们面对的环境却并不由我们决定，那些变化是不可测的。这并不等于我们要束手待毙，务必记住人是活的，是可以随机应变的。俗话说，“树挪死，人挪活”。这就是说，人在面对环境时，有自由选择的权力，有主观改变和适应的本领。换了新的环境，我们不能等着环境来适应自己，必须首先调整自己，主动适应新的环境，这样才能由被动变为主动。比如说有了新领导上任，我们不能老是等着他来适应自己。你不能老在下面嘀咕：以前的某某领导不是这样的而是那样的，这个新领导怎么这样子呢？这丝毫没有用，除了说明我们自己很呆板，不知变通外，什么问题也解决不了。我们有两种办法来面对。第一种，我们应该更主动地去适应新领导的工作作风，改变自己，适应新的工作要求。也许有人会觉得不齿，这么做是奴颜媚骨没有骨气、没有原则。其实不然，适当的时候我们还是要学会变通，才能更好地工作和适应社会。《易经》里这样说，“穷则变，变则通，通则久”，适时地变通已经被证明是亘古不变的真理。当然，关键还在于领导的新策略要确实正确，不然大家就全盘皆输。第二种，我们应该和环境主动沟通，去与领导寻求交流的机会。只有领导知道我们在想什么，他才可能适当调整自己的决策。如果我们不发出声音，领导没有得到任何反馈，自然会认为自己的决策没有问题，因为大家都在切实执行。所以说，环境天注定，成功靠打拼。

在某座森林里有三只蜥蜴，它们是很好的朋友。有一天，大家兴致来了，讨论起生存与发展问题。一只蜥蜴看到自己身体的颜色与周围的环境大不相同，不便于隐蔽，总觉得不太安全，便对另两只蜥蜴说："我们住在这里实在是太危险了，还是要想个办法改变一下环境才行。"另一只蜥蜴说："改变环境的办法虽然听起来不错，可是做起来太麻烦，而且会耗时很久，恐怕不可行，依我看很难取得实效，不如我们迁居到适合生存的地方去。"第三只蜥蜴问："为什么一定要环境适应我们呢？我们就不能适应环境吗？"它们这样争论着，说了一天一夜，可最终公说公有理，婆说婆有理，大家各持己见，谁也说服不了谁。于是，三只蜥蜴决定各自按照自己的想法去实验。结果：第一只蜥蜴开始大兴土木，改造起森林来，可想而知，它虽然努力但收效甚微；第二只蜥蜴开始到别的地方寻找新的适合生存的领地，但劳烦日久终归无功而返；只有第三只蜥蜴借助阳光和阴影学会了改变自己的肤色，练出了变色这一高超的隐蔽本领，它很快适应了森林的环境。

蜥蜴的故事不过是一个寓言，告诉大家什么样的方式能够更快地帮助我们闯过门槛，开始走向事业的正途。英国一位主教生前命途多舛，但最终大彻大悟。在其长眠于地下之后，他让人在自己的墓碑上刻下了如下的墓志铭：

我年少时，意气风发，踌躇满志，当时曾梦想改变世界；但当我年长些，阅历增多，发现自己无力改变世界。于是我缩小了范围，决定先改变我的国家，可这个目标还是太大了；接着我步入了中年，无奈之余，我将试图改变的对象锁定在最亲密的家人身上，但天不遂人愿，他们个个还是维持原样。当我垂垂老矣之时，终于顿悟了一个道理：我应该首先改变自己，以身作则地影响家人。若我能先当家人的榜样，也许下一步就能改变我的国家。再以后，我甚至可能改变整个世界。

生活的确就是这样：如果先改变自己，身边的人或许就会受到影响，由此也会改变；对方有了改变，心境也会改变；心境有了改变，言语也会改变；言语有了改变，态度也会改变；态度有了改变，习惯也会改变；习惯有了改变，做事方法也会改变；做事方法有了改变，事业也会改变。稍微改变一下自己，也许眼下不过避免了一个鸡毛蒜皮的小矛盾，但关键时候也许就会避免一场战争。就我们普通人而言，也许你的一个微小改变将是你的下一个机遇，甚至是一个新的人生阶段。

生活中，人们总是习惯性地期待可以改变身边的事物，总是不停地埋怨一切，幻想环境可以突然发生改变，但却往往忘了改变自己去适应身边的一切。因此，不知有多少人，在日日夜夜等待别人的改变中架空了自己，直到一朝老去蓦然回首时才惊觉：生命原来就是在不经意中错过了那么多难得的机遇和美好的事物。不是每个人都有机会，像周星驰电影中的至尊宝那样有一个可以让时光倒流的月光宝盒。岁月流逝之后，我们会发现，架空自己换来的便是长长的叹息，这时候也只好怨恨生不逢时，怨恨怀才不遇，了此残生了。其实，与其在期望中空度岁月，不如来次变革——改变自己，从现在开始。

与我们想象的不同，很多时候，造成人与人之间差别的不是学历、能力和背景，而是每个人自己的观念。俗话说，亿万财富买不到一个好的观念；一个好的观念却能挣到亿万财富。现在也常常见到有人发出声明，愿意出 100 万元买一个好点子。从古至今大家都愿意说，"靠山吃山，靠水吃水"，但须知靠山山会倒，靠水水会流，只有自己才能靠得住。然而，自己要想永远靠得住，必须以不变应万变，也要学会改变自己去应付不变和变化的一切。生活在 21 世纪的我们，如果我们不懂得观察、不懂得变化，也许我们今天不变，明天可能就会被社会所淘汰。为了适应社会，为了自己的明天，为了我们的生存和发展，也需要适时地改变自己。

"人生不怕重来，就怕没有未来!"——改变从不会太晚! Late is better than never。只要心中有梦，就有舞台在。唯一需要记住的就是，改变并不是日进千尺的事，也不是一泻千里，而是要从生活中的点点滴滴做起，从身边做起。最紧要的一件事是，我们要学会挖掘自己的长处，让自己再多一份坚定的信心。你不如从今天开始，时常对自己说："嗨，你真棒! 加油!"

当然，真正要改变自己，不再抱怨，对昨日的自己说"再见"，并不是一件那么容易的事。毕竟，一些旧东西和习惯紧紧跟随了自己那么多年，要想瞬间完全换新貌是不可能的事。所以，在改变的过程中，我们难免还会受到一些挫折以及遭遇一些人的误会和不理解。更要命的是，改变自己习惯性的行为和做法，往往会产生内心的痛苦和焦虑，但这是于事无补的。我们应当把挫折当成必要的学习，从而以正确的心情来鼓励和调整自我，自信乐观地去迎接新的挑战。

"记住该记住的，忘记该忘记的，改变能改变的，接受不能改变的"，当我们不再将眼睛只盯着周围的环境，而是在观察外部环境的同时，要能够时时返回自己的内心世界，去将里面尘埃打扫干净。只有窗明几净的时候，我们才会发现自己轻松了，环境也变得更加轻松、明亮和温馨。明天的路还很长，不要继续在空盼中让岁月流逝。从现在起，果断地收起往昔平淡的画面，忘记那些残篇断简，让自己的思维和脚步开始起程吧。

改变别人事倍功半，改变自己事半功倍。祛除自己心中的抱怨，学会自我调控、自我劝慰。让自己冷静下来，时时刻刻想办法把问题想透彻，并积极主动地进行调整，才能从根本上祛除抱怨心理，重建个人的信心和价值。一味地去改变环境，不如痛下决心改变自己。当我们开始改变自己时，可能会觉得世界如此艰难；但是当你改变之后，你就会发现一切原是如此美好，也许比你想象中的还要眷顾你一些。

枯井中也会有花开

某件事情这一方面的危机，
也许正是另一方面的契机；
或这件事情上的危机，
很可能正是另一件事情上的契机。

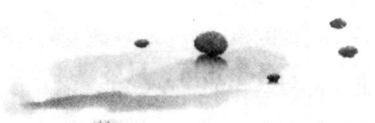

人生有很多事情，在意想不到的时候就来了。在这种突发的危机中，不少人会惊慌、手足无措，认为不管自己做什么事情都没用。这种消极的信念蔓延开来，会让他们觉得自己无力、无望，甚至无用。

如果你要想掌控自己的命运，如果你想获得卓尔不凡的人生，就千万不可有这样绝望的信念。因为某件事情这一方面的危机，也许正是另一方面的契机；或这件事情上的危机，很可能正是另一件事情上的契机。

所谓"危机"，静下心来想一想，"危"是危险，"机"是有机会的意思，危险里面有机会，机会里面带有危险。也就是说，你可以说危机是100%的危险，也可以说它蕴藏着步步活棋，有无限的契机在里头。

这里有一个小故事。

一天，农夫的一头驴掉进一口枯井里，农夫绞尽脑汁想救出驴，但几个小时过去了都无济于事。最后，这位农夫决定放弃，他想这头驴子年纪大了，不值得大费周折去把它救出来，不过无论如何，这口井还是得填起来。

于是，农夫请来左邻右舍帮忙一起将井中的驴埋了，以免除它的痛苦。农夫的邻居们人手一把铲子，开始将泥土铲进枯井中。当这头驴子察觉到自己的处境时，它在井里恐慌、痛苦地哀号着，不一会儿，它居然安静下来。几锹土过后，农夫终于忍不住朝井下看，眼前的情景让他惊呆了：泥土不停地倾泻到井中，驴子将泥土抖落在一旁，然后站到铲进的泥土堆上面。

农夫高兴极了，于是加快了填土速度。就这样，没过多久，驴子便上升到井口。它用力地抖了抖身上的泥土，纵身跳出了原本绝命的枯井，然后在众人惊讶不已的表情中得意地跑开了。

人生的旅途中，我们难免会陷入"枯井"，各式各样的困境就像是不停掉落的土，叫人无法躲闪，有时候一连串地压在我们身上，无声无息地将我们揽入，而我们能否挺过那片黑暗？又能否活着等来救援？这时候，如果我们惊慌或者放弃，恐怕就只能陷在井中，无法脱困；假使我们能够静下心来，豁达乐观地面对，就会发现这些"泥沙"恰恰是能够帮助我们脱困的垫脚石。

正所谓"祸兮福之所倚，福兮祸之所伏"，每一种改变都会产生两种结果，一种是正面的，一种是负面的；即使是负面的，也同时会带来一次机会，那么在一定的条件下，危机也可能成为发展的机遇。

因此，不难总结出一个结论：只要我们能够在危机时时刻保持冷静，用心去捕捉危机中的转机，我们很有可能会从中发现契机，化危机为机会，最终化险为夷、突出重围、实现新的飞跃，这正是我们能否成功的关键。

明朝永乐年间，著名工匠蒯祥被明成祖安排负责皇宫的改建。经过一个雷雨交加的夜晚后，蒯祥第二天早上来到工地时，不禁大吃一惊：已接近完工的宫殿大门槛的一头被人偷偷地锯短了一段，更糟糕的是工期将至，且已经没有可以重建的同样材料。

要知道，这样的事情足以使人掉脑袋，蒯祥的处境一下子变得危险了，旁边的人都暗自为他捏了一把汗。但蒯祥努力让自己冷静了下来，因为他知道现在抱怨或叫苦都是没有用的，唯有想办法弥补、消除危机才是最关键的。

一番冥思苦想后，蒯祥忽然想出一个别样的办法：把门槛的另一头也锯短一段，使两头的长度相等；同时，在门槛的两端各做一个槽，使门槛可装可拆，成为一个活门槛。他还准备在门槛的两端各雕刻一朵牡丹花，既可以遮掩两端的槽，又能使门槛色彩鲜艳，显得更加富丽堂皇。

到了工程完工的那一天，明成祖亲自带领文武百官来验收。他看到宫殿的门槛是活动的，拆掉门槛后，轿子和车马可以直进直出，比固定的门槛更加方便；而且，门槛两端雕刻的牡丹花装饰得也十分漂亮，便对蒯祥大加赞扬和赏赐。

一夜之间，宫殿的门槛被锯短，将蒯祥置于性命攸关的危机之中。幸好蒯祥没有慌乱绝望，而是通过冷静地冥思苦想，将门槛改成可装可拆的活门槛，化危机为机会。这一变局的转化，不仅保住了自己的脑袋，还成为我国建筑史上的一段佳话。

可见，危机并不可怕，可怕的是对危机心存畏惧、怨天尤人、坐以待毙。在危机面前，只要我们振作精神、冷静面对、认真思考，就有可能捕捉到危机中的转机，采取积极的行动，给自己支撑起一片朗朗晴空。

最大的危险，通常蕴含着最大的机会。危机发生了，在他人尚处在情绪混乱、头脑困惑的状况中时，成功人士似乎更懂得在无秩序中冷静思考，用心捕捉危机中的机会、调动并挖掘自身的潜能，隐藏在危机中的契机自然而然就会显露出来。如果我们能够使危机成为机会，走向一个新的开始，那么世界上还有何事会做不成？想不成功都难。

现实生活中，这样的例子比比皆是。

杨格是美国新墨西哥州高原地区的一位苹果园主，由于高原的气候独特，少有污染，这里的苹果味道鲜美，因而大批水果经销商与杨格签订了订货合同，每年秋天，杨格都会将上好的苹果装箱发往各地。

可是天有不测风云，有一年，高原上突然下了一场特大的冰雹，把结满枝丫的大红苹果打得遍体鳞伤。这时候苹果已经订出 9000 吨货，如果到时间发不出货，会影响自己的信用，会砸了自己的牌子；如果把被冰雹砸过的苹果发给经销商，大家不满意，同样是砸自己的牌子。这可怎么办？

杨格来到苹果园，面对满地伤痕累累、创伤严重的苹果，心事重重地踱着步子，该怎样走出这注定是"惨重损失"的"绝路"呢？他俯下身来拾起一个打落在地的苹果，揩了揩沾上的泥咬了一口，意外地发现，苹果清香扑鼻、汁浓爽口。

顿时，一个绝妙的主意萌生了。杨格果断地命令手下集中力量立即把苹果发运出去，同时在每一箱都附上一个简短的说明："朋友，这批货个个带伤，但请看好，这是冰雹打击的疤痕，是高原地区产出的苹果的特有标记。这种苹果果紧肉实，具有妙不可言的果糖味道。如果不信，便可亲口尝尝作个比较。"

收到这种带伤的苹果后，经销商们半信半疑，但是亲口尝过之后，果然发现这种苹果味道特棒，真是高原特有的味道。从此，经销商们更加愿意和杨格做生意了，还专门要求提供带伤疤的苹果。

市场上，多数人不喜欢"伤痕累累"的苹果，这的确是让人无奈的事情。不过，杨格没有绝望，而是细心地发现了这种苹果的优势，把疤痕当作好苹果销售的标志，巧妙地改变了自己的处境。看完故事，我们不得不佩服这位天才的创意。

也许你不知道，我们现在用的吸水纸，当年就是因为一位造纸工人在生产书写纸时不小心弄错了配方，生产出了一大批无法书写的废纸。面对巨大的失误，那位造纸工人静心思考：纸张无法书写，但它们的吸水性很好。于是他将这些废纸切成小块，做成了"吸水纸"。申请专利之后，他也从一个小工人变成了大富翁。

古人云："善用物者无弃物。"任何事情、任何事物并非一无是处、毫无价值，劣势的背后蕴藏着诸多优势，重重危机之中隐藏着步步活棋。怎么"善用"、怎么"走棋"，一切就全靠你自己了。

因此，在危机面前，我们不要做大呼小叫、枯坐等待的旁观者，静下心来，保持相对的冷静和勇气吧。用心捕捉危机中的转机，并利用自身的智慧和才能将负面的变局化为正面的转机，这是我们下一个成功的开始。

危机是百分之百%的危险，也蕴含着步步活棋、无限的契机。怎么"善用"、怎么"走棋"，一切全靠自己。静下心来，冷静思考，用心去捕捉危机中的转机，就能化危机为机会，最终化险为夷，实现新的飞跃。

冬天来了，春天还会远吗

当门被关闭遮挡了你的目光，

不妨将目光转向窗子，

你会发现，窗外，一树花开。

常言说"祸兮福之所倚，福兮祸之所伏"、"人有悲欢离合，月有阴晴圆缺，此事古难全"，几乎没有谁的生活是一帆风顺的，整个人生就是一个或喜悦或悲伤、周而复始的过程，以达到某种程度上的平衡。

上帝是公平的，在关闭一扇门的同时，已经悄然为你打开了另一扇窗。既然如此，与其在原来的门前流连忘返，落寞或失望、痛苦或绝望，不如学会静下心来寻找上帝为你早早预置的另一个人生出口。

自古文人雅士的飘逸，无不印证了这一点。

蒲松龄，清初山东人。由于出身于一个逐渐败落的中小地主兼商人家庭，家境优越，蒲松龄自小志存高远，安心预习举业，以图通过科举功名而飞黄腾达、一展雄才，但其命运不济四次赶考都落第了。

蒲松龄意识到自己不适合科举考试，这让他多少有些绝望。不过，蒲松龄是一个聪明人，他心想：既然自己走不进官场，那么在其他的地方就有可能做出一番作为，何必为此黯然神伤呢？不如好好静思自己的人生之路。后来，蒲松龄弃官从文，走上了文学之路，并且立志写出一部"孤愤之书"。

经过一段时间的潜心写作，一部著名的文言文短篇小说集《聊斋志异》终于写成。随着《聊斋志异》的广泛传播，蒲松龄的声望与交游日渐扩大，受到了众多文人官士的认可和青睐，实现了飞黄腾达的梦想。

蒲松龄试举落第，与仕途无缘，这是上帝为他关上的一扇门。静心思索后，蒲松龄放弃从官之路，弃官从文，找到了上帝为他打开的另一扇出口，最终实现了飞黄腾达的梦想，为后人留下了宝贵的精神财富。

在困境面前，我们总是有种走入死胡同的感觉，似乎怎么都逃不出去，于是抱定绝望的心态。然而，这一切都只是错觉，当你静心静思，对自己进行重新定位，就能找到上帝为自己早早预置的另一个人生出口。这样一来，你就能走出这条死胡同，就能绝处逢生，走向生命的开阔之处。

每个人的生命中都潜藏着许多好机会，一个机会失去了，在另一个地方你还有机会。只要你把握机会，就能为自己打造一片蓝天。

这里有一个真实的例子。

自从得知自己将要参加最危险的海军陆战队后，青年莱科每天都一副忧心忡忡的样子，他觉得自己的生命好像交给了别人，自己随时都会有闭上眼睛的那一天，这是他无法接受的，于是他心生绝望。

爸爸见到此状，决定和莱科聊聊天。他对莱科说："孩子，其实你没必要这样的。要知道，到了海军陆战队，你有可能会被留在内勤部门，那样的话你就完全用不着担惊受怕了，那些工作都是很轻松的。"

爸爸的话并没有让莱科放松，他说："爸爸，去哪个部门也不是我自己选的啊！要是我被分配到了外勤部门呢？在外勤部门不仅需要出去作战，而且所面对的各种环境也是非常恶劣的。"

爸爸笑着说："那也没关系。即使去了外勤部门，你还是有两个选择，一个是留在美国本土，另一个是分配到国外的基地。如果你被分配到美国本土，这跟待在家里没有什么区别，又有什么好担心呢？"

"要是我去了国外呢？"莱科继续问道。

"这样啊，那你还是有两个机会。第一个，被分配到和平而友善的国家；第二个，被分配到不和平也不友善的地区。如果是前者，那么爆发战争的概率是很小的，约等于零，你就什么事情都不会有。"

莱科着急地说："可是，我要是真的去战争地区了呢？那我不就完蛋了吗？"

"这怎么可能？如果你留在总部，而不是上前线，那么也不会有事。"

"那我要是上前线了，这该怎么办？假设我还受了伤，那我以后该怎么生活？"

"受伤也分程度的。也许你只是轻伤，根本无碍的。"

莱科还是不满意，说："那要是不幸身负重伤呢？"

"那很简单，要么保全性命，要么救治无效。如果还能保全性命，你还担心什么呢？"

莱科最后问道："天啊，要是救治无效，那我该怎么办啊！"

爸爸听完，大笑着说："这更简单了。你人都死了，还有什么可担心的呢？更何况，如果你真的死了的话，你就是国家的英雄，很多人会赞扬你、崇拜你。要知道，这样的荣誉不是每个人都有幸拥有的。"

于是，莱科豁然开朗，充满信心和希望地参加了海军陆战队。他先被分配到了外勤部门，然后又被分配到了战争地区，还成为前线上的一名先锋……面对组织的这些安排时，莱科总相信后面有好的事情，于是欣然接受。

结果呢？在这种心态的引导下，莱科不再患得患失，而是作战英勇、屡建战功，获得了一等兵的荣誉。在作战过程中，他先后受过几次伤，不过并无大碍。鉴于优秀的表现，现在莱科已经被提拔为重点军校的一名军官。

与爸爸相比，在生活的智慧上，莱科显然还有很大差距。莱科的爸爸始终明白这样一个道理：无论人生面临什么样的际遇，在失去的同时都会得到一些东西，所以不如不困惑、不如不挣扎、不如不绝望！静心静思地走另一扇门。

无论黑夜多么漫长，朝阳总会冉冉升起；无论风雪怎样肆虐，春风终会缓缓吹拂。当挫折接连不断、当失败如影随形、当命运之门一扇接一扇地关闭时，你永远也不要绝望，要相信总有一扇窗会为你打开。

在困境面前，我们总是有种走入死巷子的感觉，似乎怎么都逃不出去，与其悲观绝望，不如静心静思，对自己重新进行定位，寻找另外一条路。要知道，上帝关闭了一扇门，一定会打开另一扇窗。

第七章

庭前笑看花落，屋后细观云舒

——慢下来，把忧虑酿成诗

忧虑就是会因为夏日里的声声蝉鸣而心烦意乱；忧虑就是会因为冬日里的雪融冰消而坐立难安。想要消除经常莫名其妙来拜访你的忧虑，就需要养成一种"庭前笑看花落，屋后细观云舒"的平淡优雅。慢下来，把忧虑酿成诗，让浩渺的心灵的水波澜不惊。

简单点，保持一颗若莲素心

生活本来就很简单，
是我们将它过得太繁杂。
用一颗简单的心去享受生活，
生活也就变得简单。

生活是复杂的，然而我们却能选择简单的生活方式。过于在意生活中的繁杂，那么生活就变得繁杂，万事看得简单一些，自然就能找到一种简单的生活方式。将万事看得淡一些，不要为自己的生活添加太多华而不实的点缀，那些只能成为生活的负累。

生活也好，感情也罢，看得简单，便是简单，如果时常担心忧虑，那么就感受不到幸福所在。不要为那些事情而忧虑，万事看开一点儿，也就自然简单一点儿，爱也好，生活也好，都会变得很简单。

人们总是弄不清楚什么才算幸福，于是总觉得自己离幸福还有距离，所以想尽办法去追求看不见的"幸福"，结果，这除了让我们的生活变得极其忧虑复杂外，没有任何改善。其实，幸福就在我们身边，只要少一些忧虑，学会让内心满足，让自己的生活变得简单一些，就能把握住幸福。

从前有一个商人，他是别人眼中的成功人士，但他每天都不快乐，更是厌恶了城市的喧嚣。终于有一天，不堪重负的他放下了手中的工作，带着积蓄，为了寻找幸福的真谛而开始了四处游历的生活。

　　商人来到了一个非常落后的小村子里，那里的生活非常贫困，人们每天都要辛苦地劳作才能够勉强度日。孩子们没有上学的条件，几乎都要帮助家里干农活才可以维持生计。他在那里停留了一段时间，心中居然感受到了从未有过的幸福，那里虽然落后，却与世无争，人也非常淳朴，没有钩心斗角，没有尔虞我诈，每天日出而作，日落而息。

　　商人每天白天都会到山坡上思考。虽然他想要追求这种幸福，也暂时放下了自己的一切，但是偶尔还是难免会想到自己的生意。

　　有一个放羊的小孩每天都在山坡上放羊，他穿得破破烂烂，但是每天都在山坡上叼着草，快乐地唱着牧歌。商人感到非常不解，便问小孩："你有想过你的明天吗？你放羊是为了做什么呢？"

　　小孩高兴地说："我将这些羊养大之后就能够卖钱，我一直在攒钱。"

　　商人又问："攒钱做什么呢？"

　　小孩开心地答道："等我长大就可以用攒下的钱娶老婆。"

　　"那娶老婆为的是什么呢？"

　　"生小孩。"

　　"生了小孩你希望他做什么呢？"

　　"放羊。"

　　商人觉得小孩子真的非常可怜，永远不知道外面的世界有多大，心中也只有这些。于是他对小孩说："如此这样地循环，那么你会一直过着苦日子。"

没想到小孩却一点儿难过的表情都没有，他说："可是我过得非常快乐。"听了小孩的话，商人陷入了沉思，他觉得他已经找到了幸福的真谛。

生活是忙碌的，以至于我们只知寻找，却忘记了自己一直想找的目标是什么。就像商人一样，生活中的忧虑已经让他无暇顾及其他，在放下了一切之后才找到了自己一开始所追求的东西。幸福不是一道题，无须进行精密计算，看得简单一些，少一些忧虑，幸福自然就会来敲门。

生活是自己的，不要在乎别人如何看待，否则就会给自己的心加上太多的负累。生活中，我们需要的也很简单，如果过多忧虑，就会让我们觉得疲惫，难以支撑。

有一个年轻人，从小学习就很优秀，到了职场也是混得风生水起，但是他过得并不幸福。他希望做一个完美的人，但是生活总是不能如意，无论他怎么努力，公司仍然有人不喜欢他，虽然他尽可能做到完美，但是仍然不能和所有同事相处融洽。

年轻人怕自己的一个不小心就会让工作出现漏洞，被这些人算计，于是他每天都胆战心惊、小心翼翼。虽然工作成绩非常突出，但是他又怕这样会遭来同事的忌恨，一直保持着紧绷的状态，终于有一天，他受不了了，长期这样的生活已经让他患上了很严重的神经衰弱症。医生建议他先放下手头的工作，出去疗养一段时间，关于工作的一切都不要去想。

年轻人请了长假，收拾行李考虑着去哪里，他的妻子看到他大包小裹，连锅都放进行李中，就问他："你带锅做什么呢？"

年轻人说："不是所有地方都能有一个干净的用餐环境，我必须提前考虑好，以备不时之需。"他的妻子深知他的脾气，于是没有说什么，只是在他睡着以后偷偷将不必要的行李重新收拾了。

在年轻人出发的时候发现行李少了很多，他非常焦躁，但是时间紧迫又要赶车，来不及重新收拾，他只好带着简单的行李出发了。临走时，他只来得及带上那口锅。

开始的时候，年轻人总是不能静下心来享受自己的假期，每到一个地方，他总是担心妻子而往家中打电话，或是给同事打电话问自己的工作。他完全没能享受他的假期，被忧虑所困的他决定提前回去工作。

在一个渡口，年轻人发现了船夫在树下闭目养神，他对船夫说："你不努力工作，到什么时候才能享受生活呢？"

船夫没有坐起来，只是睁开了眼，反问他："那你觉得我现在在做什么呢？"年轻人顿悟了。他看到船夫用疑惑的眼神看着自己手中的锅，才想起，这一路，他从来都没有用过这口锅。

生活从本质上来看很简单，却因为我们想得过多而变得复杂。就像这名年轻人一样，什么都想做到完美，于是让自己越来越累，慢慢为了迎合别人而活，没有时间享受自己的幸福。生活需要奋斗，同时也需要享受，心态平和一点儿，要求低一点儿，也就能离幸福更近一点儿。

生活中，我们不妨做一个船夫，简单地生活，在奋斗之后也别忽略了停下脚步享受生活。在享受生活的时候就要全身心地放松，不要去忧虑那些看不到的未知。生活的旅途上务必做到轻装上阵，才能有足够的空间承载幸福。

船到桥头自然直

思之越甚，伤之越深，
忧虑会让人生病，
想要幸福的生活就不能过分忧虑。

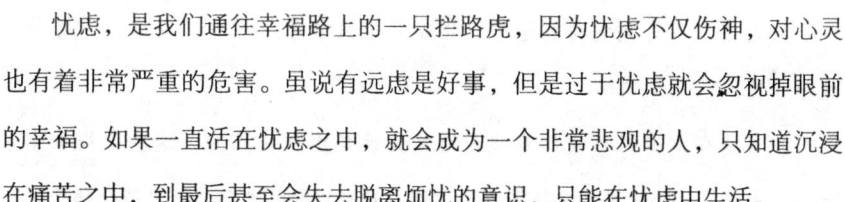

　　忧虑，是我们通往幸福路上的一只拦路虎，因为忧虑不仅伤神，对心灵也有着非常严重的危害。虽说有远虑是好事，但是过于忧虑就会忽视掉眼前的幸福。如果一直活在忧虑之中，就会成为一个非常悲观的人，只知道沉浸在痛苦之中，到最后甚至会失去脱离烦忧的意识，只能在忧虑中生活。

　　考虑将来、计划明天是对的，但要注意适度，如果思之过甚，就会伤身，过分担心未知的结果就会让我们对未来感到恐惧，从而失去了前进的勇气和动力，止步不前。

　　古时候，曾经有一个杞国人过得非常不好，每天都要忧虑许多人和事。虽然国泰民安，生活幸福，但他还是很忧虑。

　　有一天，杞人抬头看天，突然就忧虑起来，想着如果有一天天塌下来要怎么办。他想，如果天塌下来了，那么天上的日月星辰也都会坠落下来。大地承受不了这些重量，也会开始塌陷……

杞人越想越恐惧，也越来越忧虑，每天都愁眉不展，吃饭时也担心，睡觉时也担心，过得心惊胆战。他的朋友见到他日益消瘦，非常担心，于是就来劝导他，对他说天空只是由气体堆积而成，这些气体充满了每个角落，日月星辰也停留在这些气体上面，人们每天都活在这些气体当中，天是不会塌下来的。但是他非但没有好转，反而更加惶恐。

杞人又问："日月星辰这些东西竟然待在空中，那样不是掉下来的可能性更大吗？"

杞人的朋友劝导他说："能够待在空中，必定也是由空气组成的，能够看到它们，也不过是因为它们能够发光而已。这么轻的东西，即使掉下来也不会砸伤人。"

杞人想了一会儿觉得有道理，但是马上又皱起了眉头，问道："可是地塌陷了呢？"

杞人的朋友说："我们奔跑生活的大地是由土构成的，这些土块堆积才成为了大地，并且填满了大地所有的空隙，没有空间，地又怎么可能会塌陷呢？"

听完朋友的劝导，杞人想了好一会儿，终于放下心来。从此以后，他再也没有因为忧虑而吃不好、睡不着了，每天都过着幸福的生活。

杞人忧天是非常愚蠢的事情，因为担心不会发生的事情而沉浸在恐惧之中。我们有时会对未知感到恐惧，所以忧虑，然而忧虑并不能阻止明天的到来，也不能帮我们解决任何问题，反而会让我们的心遭受折磨。其实，在我们生活幸福的时候，就要享受幸福，不要一直忧虑幸福过后会是什么，否则只能浪费掉来之不易的幸福。

有些时候，比起不确定的未来，我们更应该注意眼前，没有今天就谈不上未来。未来如何，不会因为我们的忧虑而有所改变，如果因为忧虑未来而错过当下，那么在未来的日子里，我们只能后悔不已。

　　未来的一切变数并不是我们所能预料的，我们只要在当下能走得稳健踏实，就无须为未知担心太多。忧虑除了伤害我们之外不能给我们任何的帮助，所以不妨学会面对一切，学会平和，放下忧虑。思之越甚，伤之越深，唯有以平和之心面对，才能找到方法，走出迷茫。

阳光会抹去心头的阴影

心里的浮尘要及时清除，
否则就像鞋子中进了沙粒，
不仅会磨坏双脚，
还会阻碍你的前行。

鞋子进了沙粒，就要及时清除，否则会磨伤自己的双脚，成为我们长途跋涉的阻碍。我们心中有时也会有沙粒的存在，心中的沙粒浮尘是心灵健康的隐患，所以要及时清除掉。它就像鞋中的沙一样，移到心里就衍生出了忧虑的情绪。

因为心中有浮尘存在，所以我们会感到忧虑，只要将浮尘剔除出心灵，我们便能走得坦荡一些，如若不然，只能让我们的心饱受一颗渺小沙粒的摧残。

有一个为人们熟知的勇者登山的故事。这位勇者是人们眼中的英雄，他所向披靡，无所不能，只有站在制高点的他才能俯视众生，也只有他能站在制高点，登上最高峰。

有一次，勇者决定挑战一个极限，去攀爬一座从来没有人登上过的高山。

他的这个决定得到了人们的支持，同时也获得了人们的期待。终于，他整理好行装开始攀爬高山，一路上，他遇到了很多艰难险阻，但是他仍然坚持排除万难，勇攀高峰。随着离顶峰的距离越来越近，人们的欢呼声也越来越高，在世人看来，成功已经向勇者伸出手了。

然而结果却让人们意外，勇者没有将自己的手递给成功女神，他中途被迫放弃了。原因也让人们感到不可思议，他放弃了最后的成功仅仅只是因为鞋子中的一颗沙粒。因为他忽略了鞋子中的沙粒，所以导致脚长时间被沙粒摩擦而发炎，受伤的脚无法支持他到达终点，只能选择放弃。

一路上不管如何艰难，勇者都坚持了下来，而最终的成功却仅仅因为一颗渺小的沙粒而和他擦肩而过。故事到这里貌似结束了，但事实上，还有着后续的部分。

几年之后，勇者准备再次挑战，这一次，他异常小心，因为他过度地小心，使得他产生了忧虑，他担心各种客观条件会影响到自己的行程，让自己再次失败。因为上一次的教训，这次他异常小心沙粒，几乎每走一段距离就要停下来脱下鞋子倒一倒，即使鞋中没有沙子，他穿起来仍然感觉脚下不舒服。

勇者一路上都在担心着沙子会再次跑进鞋子里，影响到自己的成绩。长时间忍受这种心理折磨的结果就是他不得不主动放弃。这次，勇者的失败没有任何客观原因，而是忧虑对勇者的折磨让他处在了崩溃的边缘，最终只能选择放弃。

因为忧虑，勇者最终没能完成最高峰的登顶。我们有时也会因为过度忧虑而放弃一些本应坚持的事，如此看来，忧虑是我们前进路上最大的敌人。心有忧虑，就难以放开自己的手脚，唯有剔除，才能勇敢向前。

现实生活中，我们心中的浮尘都是曾经的阴影，因为曾经的失败而难以忘却，当再次面临相同的境遇时，心中遗留的沙粒就会作祟，让我们想到曾经的失败，从而畏惧前行。不要太在意心中的沙粒，让自己时刻处于忧虑之中，试着淡忘曾经的失败，然后自然就能够让心中的浮尘随风消逝。

　　有一个年轻人患上了强迫症，时常感觉到苦闷，却找不到解决方法。在吃完饭洗碗的时候，他总是觉得碗洗得不够干净，怕碗边残留洗洁精，因为新闻上说残留的化学物质会危害身体健康，所以他总是重复好几遍，洗了又洗。

　　每天晚上睡觉的时候，他都会起床好几遍，检查门窗是否上了锁，因为他担心会有人入室抢劫，他想，如果没有锁门，那么他的生命和财产就会受到威胁。

　　每天出门，他都要检查好几遍是否带了家里的钥匙，因为如果忘记带钥匙就进不了家门，就要找开锁公司。到了公司，他又要检查好几遍工作，即使是做过的事情还要重复，因为担心会出一点儿问题。在他认识的人的眼中，他已经有点儿神经质了，他异常忧虑，晚上时常失眠，因为会想到工作，想到门窗……

　　他感到自己快要崩溃了，他异常痛苦，却不知道应该怎么治疗。最后他在朋友的介绍下找了心理医生进行心理治疗。心理医生通过对他催眠治好了他的强迫症。

　　原来，他的忧虑并非是空穴来风，在他 5 岁的时候，曾经因为没有听家人的话，不讲卫生乱吃东西而得了胃炎，那种疼痛让他记忆深刻。在他 10 岁的时候，因为出门没有带钥匙而在家门口坐到半夜，才等到家长回来。12 岁那一年，他自己在家，忘记了锁门，于是遭遇了入室抢劫……因此，这些过往都成为沙粒留在了他的心里。医生通过开导，使他渐渐放下了这些过往，开始了新的人生。

有的时候，我们以为遗忘的事情和挫折会成为情绪的一部分而沉淀下来，忧虑也就是这些情绪的升华。人难免会有粗心马虎的时候，这会给我们带来严重的后果，它除了让我们接受教训以外，还会让我们的心灵蒙受阴影。

那些曾经的阴影会实体化，成为心中的沙粒，随着时间的流逝，心中的沙会堆积，人们的忧虑也就会越来越重。之所以心头会有浮尘存在，是因为人们对发生过的不快存有印象，然而刻意去记，也只会让自己的心灵遭受伤害，所以对于人们来说，心里的沙是一定要消除的。

人们有时难免会失策，在这种时候，只要总结经验就够了，无须将这些浮尘珍藏一生。将心做成一个滤网，将那些不起眼的细沙滤掉，才能维护心灵的健康，平和地向前行进。

心若止水，从容淡雅

心静决定心境。
你内心安静了，便有了自然的心境，
也就能从容淡定一些。

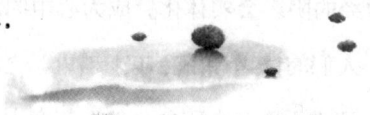

　　心静自然凉，人们难以控制天气，但是心态却可以。生活当中，像天气一样难以控制的事情有很多，这时我们就需要调节自己的心态，争取平和些，才能消除内心的烦忧。心平气则静，心态好一些，凡事看淡一些，才能做到真正地从容。

　　可以想象，炎炎夏日，蛙鸣蝉叫，总是让我们感到心烦气躁，但是到了夜凉如水的晚上，心头的烦躁好像就能缓和一些。我们的心也分为两面，一面是夏日的太阳，一面是淡如水的月亮，只有如月般从容，才能消除心底的烦躁和忧虑。环境在于我们怎样去感受，如果只沉浸于自己的安然中，自然不会受环境影响，反之，如果太过注意周围的环境，就只能让自己产生忧虑和烦躁。

　　从前在一个庙里有很多小和尚，因为年龄小，所以很难保持安静，住持是慈祥的，对这些小和尚的管教并不严厉，他希望他们能够自己悟出道理，而不是通过自己强制地传授。小和尚们每天在不坐禅的时候都在寺院中唧唧喳喳，打扫的时候也会玩闹起来。

有一个入寺比较早的小和尚，年龄稍大，此时的他，已经习惯于坐禅的生活，他曾经厌恶喧嚣，才选得此地出家，也正是这样才能够让他远离喧嚣，过上平静如水的生活。但是这些小和尚打乱了他的内心，他在坐禅的时候总能听到那些小和尚的喧哗和笑闹。虽然他很想教训他们，但是住持曾经告诉他要慈悲为怀，宽容待人，与世无争。没有办法，为了留得一方清净，他只能选择到寺庙外的树林中坐禅。

有一天，住持在小和尚坐禅的时候来到了树林，问他为什么在这里坐禅，小和尚便一五一十地说了。

小和尚说："因为这里难得清净，寺院中的小和尚实在是太过吵闹了，为了修禅，我只能找得一方清净。"

住持笑了笑，问他："这里的蝉鸣没有吵到你吗？"

小和尚答："不去注意就不会影响到我。"

住持微微一笑，反问他："那么你觉得小和尚们的吵闹和蝉鸣有什么区别呢？"听完住持的话，小和尚恍然大悟。从那之后，他再也没有到树林中坐禅了。

住持告诉了我们一个道理，即取决我们心境的并非是客观的环境，而是我们自身。在意周围的环境，就会被周围环境所影响，从容一些，就能忽视那些让我们烦躁忧虑的环境。

如果我们难以保持平和的心态，难以做到从容，那么即使处于再安静的环境，我们也只会感到烦闷，这种情绪持续发展就会成为忧虑。我们要改变的不是环境，而是我们内心的波动，只有从自己本身出发，做到从容，才能收获心中向往的安然。

有一个女孩异常容易焦躁，这使得她的气质大打折扣。每当她焦躁的时候，就会难以抑制自己的情绪，变得非常冲动，从而致使她周围的空气都像改变了一样。每到夏天的时候，她的焦躁就会更胜以往，这样的季节让她非常反感。

午睡时，女孩会被蝉鸣影响得睡不着，晚上又会感觉燥热，有时越想安静下来就越是听到规律的表针走动的声音，这些都成为了影响她睡眠的因素。越是安静的环境，她越是容易听到各种声音，这让她难以入睡。一直保持着这样的生活，她感觉自己有些神经衰弱了。

有一天，女孩的朋友约她一起出去玩，她想，反正回到家里也是睡不着，不如就去放松一下好了。他们选择到酒吧去消遣，那里异常喧哗，大家疯狂地跳着舞，音乐的声音大得震耳，也许是因为这段时间实在是太缺少睡眠了，也或者是放轻松了，这个女孩渐渐沉入自己的小世界之中，不一会儿竟然在沙发上睡着了。

耳边震耳的音乐没能成为影响她的因素，直到最后朋友叫她，她才从睡梦中醒过来。真是奇迹，这竟然是她睡得最舒服的一次。由此，这个女孩也领悟到了，环境并非是影响自己的因素，影响自己的是自己焦躁的内心。从那之后，女孩下班后就给自己减压，从容地面对生活，也是从那时开始，她每天都可以安然入睡了。

从容一些，往往能够帮助我们脱离困扰。佛之所以能够成为佛，远离世

172

间的烦恼，并非是佛所处的环境没有烦恼，而是因为佛的心已经脱离了情绪的控制，可以做到不以物喜、不以己悲。没有了烦扰，生活自然能够恬淡而幸福。我们缺少的，就是佛的从容。

世上没有绝对的安静，越是安静的环境，声音反而越容易凸显出来。只要我们能够不在意，那么客观环境就不再是影响我们心情的因素了。放宽自己的心，从容淡定，放下不必要的忧虑，自然能够让自己的内心变得平静如水。

平静，才能感悟人生

不要纠结于忙碌生活中无谓的小事，
否则只能浪费你自己的精力，
得不偿失。

　　我们有时因为要求太过完美，所以在小事细节上也花费大量的精力，也是因为这样，才让我们觉得辛苦，产生忧虑。只要我们分清事情的轻重缓急，不再纠缠那些无谓的小事，那么我们就能从忧虑中脱离出来。

　　大事还是小事通常以我们的重视程度为标准来进行区分。有时我们难以客观判断，抓不住事情的主体，就只能在细节小事上打转，进而耽误了其他重要的事情。我们的精力是有限的，难以做到面面俱到，在一件事情上花费了太多的精力，就难以再在其他事情上花费过多精力，可能事情的结果就会和自己所期待的产生偏差。

　　从前有一个帝王，他潜心向佛，在他即位之后，他就开始着手于对境内所有的寺庙进行修葺。这个时候问题出现了，围绕着谁来修葺寺庙这个问题，大臣们展开了讨论。

　　最后留下了两个队伍，一边是普通的僧人，另一边是一个优秀的装修队。

帝王感到选择比较困难，就向大家征询意见，最后讨论出了一个方法，就是让两边对两个寺庙进行修葺，以最后的结果来做定论。

两边都展开了工程，一边的装修队要了很多名贵的材料和金银，还要了很多种颜料。而另一边，僧人们的要求就简单多了，他们要了最简单的打扫工具。然后两边都开始了自己的工程。

过了不长的时间，僧人们的队伍就完工了，又过了一段时间，装修队也完工了，人们先观赏了装修队的工程，工人们做得非常精致、非常精细，雕梁画栋，一切都是崭新的，完全没有了曾经寺庙的样子，就连柱子上也雕上了精美的图案，并且在柱子上还镀了金。除了精美以外，人们没有了其他的评价。

然后人们又来到了僧人们"装修"的寺院，刚刚进去，人们就被里面肃穆的气氛感染、影响了。原来僧人没有做任何的装修，他们只是扫去了灰尘，恢复了寺庙的本来面目，虽然寺庙并非崭新的，但是人们却从中感受到了历史的厚重感，心也随之静了下来。结果一致评论后，僧人们在全国展开了寺庙的修葺工作。

虽然说细节决定一切，但并不代表我们只需着眼于细节，这样就可能像装修队一样忽视了事物的本质。如果因为过于纠缠小事而耽误了大事，那么我们所做的一切努力也将没有任何意义。有时小事是异常琐碎的，总是和这些事情纠缠，势必会让我们感到烦躁和忧虑。摒弃那些无谓的小事，才能将自己从忧虑当中解放出来。

现代生活的节奏越来越快，人们也变得越来越忙碌。我们要想抓住幸福，就要学会抓住重点，只着眼于一些鸡毛蒜皮的小事，因为这些而抱怨的话，只能让自己远离幸福。

有一个年轻人，他每天都忙得焦头烂额，生活对于他来说，痛苦远远大于乐趣。他每天都会有很多烦恼，并且为这些事情忧虑不已。

在早上上班的时候，坐公交车的年轻人总会异常小心自己的鞋子不被踩到，没有座位的时候就站在座位边上时刻注意着哪个人哪一站会下车，当那个人有下车意向的时候，他就开始忧虑，因为担心别人会抢走这个自己已经守了很久的座位。

到了公司工作的时候，年轻人也总是过度注意经理的言行，他总觉得领导的每一句话都有着领导的意思，即使经理随便开句玩笑，也会让他思考揣摩好久，他总是试图去了解经理的意思。约客户见面的时候，他又会一直看表，因为他怕客户不来，怕失去客户。每当客户迟到的时候，就看到他在那里皱着眉头看表，一副坐立不安的样子。

结果呢？即使年轻人小心翼翼，但是很多不快还是找上了他。在坐公交车的时候，因为过于注意自己的鞋子不被踩到，被小偷钻了空子偷了钱包；因为注意抢座位，不小心撞倒了要下车的老人；在公司因为过于关注经理的脸色，使得工作进展不顺利，最终离开了他的工作岗位；等客户的时候因为不停看表让客户误会他等得不耐烦，觉得他不懂礼貌，合作也告吹了。

故事中的年轻人因为过于在意无谓的小事，所以使得结果很糟糕。为什么要因为那些无谓的小事而焦躁不已呢？忧虑对自己的伤害有很多，我们完全没必要为了一点点小事而纠缠不休、忧虑不已。

生活是忙碌的，我们做不到马不停蹄地赶路，更没有精力去应对所有的问题，不要太过纠结一句话、一点琐碎，平和一点儿，给自己一点儿空间，让自己能够有时间去享受生活，有机会感悟人生。

让心灵转个弯

快乐是自己选的，烦恼也是自己选的。
让心灵转个弯，不快乐就变成了快乐。

　　英文谚语说，There is no way to happiness, happiness is the way。没有什么通向幸福的路，幸福就在脚下。一位哲学家说过："决定自己心情的，不是周围的环境，而是自己的心境。"一个人是否快乐，不是由别人决定，而是由自己决定的，而且只能是自己做出的选择。只要我们自己愿意选择快乐的生活，我们就能够享受快乐时光，人生就是这么简单。

　　环顾四周的人群，我们总会发现有许多天生残缺或后天残缺的人，然而，他们往往也能够对生活充满信心，既不埋怨上天对自己不公平，也不一味地乞求他人救济，反而能够自立自强，从身边大量的正常人中脱颖而出。其实，他们只不过少了平常人的一些忧虑，所以反而显得快乐一些。就像一位观察家所说，"我一直为自己没有一双漂亮的鞋子而感到痛苦，直到我看见别人没有脚"。对于一个人来说，能否感受到内心的快乐，外界环境的作用永远是次要的，关键是自己的选择与态度。

　　选择快乐，很多时候是一种充满刺激的决定。"因为快乐，所以我在任何事情上都会更容易取得成功；因为快乐，我就能更好地爱护周围的一切；因为快乐，我就会更加能够感受到自然的温暖；因为快乐，我就会……"这一系列排比句无非说明，快乐是普通人对生活中平常事情做出的有意义的选择，而这种选择会引导人走向更大的快乐。因为各种不同的原因，许多人选择了痛苦、沮丧、灰心做伴，结局就是和快乐越来越远。当我们回头看走过的路就会发现，并不是因为我们得到了什么才会快乐，而是我们选择了快乐，才会得到更多想要的愉悦。

快乐是自己选的，烦恼是自己找的。只要我们主动地倾向于选择快乐，那么生活就一定是快乐的。

甲、乙、丙、丁是世界上四个最幸运的年轻人，他们得到上帝的垂青，获准搭上"愿望列车"任意选择自己的未来。"愿望列车"有四个停靠站，分别是金钱站、亲情站、权力站、健康站。甲、乙、丙、丁这四个青年可以选择在任何一个车站下车。一旦他们选择了某个停靠站，在经过努力后，这个青年在这方面的发展就能够特别顺利地实现，而其他方面的成就则会相应失败一些。

很快，四个青年根据各自的追求做出了自己的选择。甲在"金钱站"下了车，乙在"亲情站"下了车，丙在"权力站"下了车，丁在"健康站"下了车。

30年过后，甲、乙、丙、丁四人不约而同地前往上帝那里倾诉自己的收获与遗憾。

甲说："谢谢上帝，我现在非常有钱，简直是富可敌国。只不过，年轻时为了挣钱，我非常严重地透支了生命，现在总有这样那样的疾病。由于工作需要，我常年经商在外，冷落了妻子，导致她离我而去。我还疏忽了对儿子的管教，结果他好吃懒做，成了扶不起的阿斗。现在我觉得自己很不幸，仁慈的上帝，请问我能否用自己所有的钱把这些幸福买回来？"

乙说："总的说来，我觉得很幸福，父母长寿，妻子贤惠，儿女孝顺，有一个和谐美满的家庭。可我的烦恼也挺多，父母至今没有外出旅游过，妻子没有享受过戴钻戒的快乐，儿女的单位也不是很好，而且为了帮助子女结婚、买房，家里欠了很多钱。我能用亲情换些金钱和权力吗？我想让家人更加幸福。"

丙说："我有很大的权力，可是我却并不觉得特别幸福。很多时候，人家当面说的是赞美、讨好的话；背后却对我恶语谩骂。您看，我的这个啤酒肚简直到处都有毛病，可是逢着别人请客吃饭，不去还不行。只要你拒绝，他们就会说，你有点权力就摆谱。只要你坚持原则办事，亲戚们会说你六亲不认，朋友们会说你不讲义气。可是你要真让我徇私舞弊，自己心里又不踏实，而且搞不好就会进监狱。我多想拥有健康和亲情呀！"

丁说："我身体很健康，从没有去过医院，别人都非常羡慕我。可我的妻子却常常指责我不求上进，不懂得拼搏，说我没有魄力，像一头猪似的活着，抱怨我们家永远也过不上开私家车、住别墅的生活。为了这个，我常常感到很烦恼。上帝！我能不能用自己的健康换些钱和权力呢？"

上帝看了看这四个人，指了指在天上自由飞翔的小鸟，又指了指在笼中欢快跳跃的小鸟。然后上帝说："你们看，人其实就像这些小鸟一样，天空中的小鸟的快乐在于选择了自由，它选择与生活中的困难作斗争，并愿意与生存的艰辛始终搏斗。笼中小鸟的快乐，则在于它选择了丰衣足食的安逸，它轻松地在笼子里生活着，对于快乐，它有自己的一种感悟。其实，快乐源于选择，也决定于选择，快乐怎么样，完全要根据你们如何看待自己的选择。"

说到底，快乐与不快乐并没有绝对定义，如何理解它，取决于我们的态度和选择。故事中的那四个人，即使各自拥有了金钱、亲情、权力、健康这些在普通人眼中最美好的东西，他们也并不快乐，原因在于每个人都把目光投向了自己没有的东西。由于对自己做出的选择感到不满足，因而这些人对生活充满了忧虑，永远也就不会感到快乐和幸福。

对很多人来说，我们似乎整天都在忧虑，不是为自己不能挣更多的钱而忧虑，就是为逝去的时间而懊悔，或者为孩子读书不努力而担心，以及为明天的物价上涨而着急，我们几乎就生活在一个充满焦虑的世界里。任何事情都可以让我们为之忧虑，其实很多时候，放下那些东西就是快乐。大多数时候，我们的担心与忧虑对实际问题的解决没有丝毫作用，只会徒增自己的不快。假如我们尝试着去放下忧虑，就会发现虽然事情不会改变，但我们的心情会完全改变。

一度位居大陆首富的企业家刘永好说过，拥有亿万财富的喜悦，与农民种红薯得到大丰收时候的喜悦，在内心的感受上其实是一样的。一定没有人认为，亿万财富与一堆红薯的价值是一样的。但这句话的含义却非常深刻：亿万财富与一大堆红薯，可以给予人们相同的快乐。我们没有能力挣亿万财富，那就应该重视那堆红薯，因为那可以带来同样的快乐。与其在焦虑中死气沉沉，不如在快乐中欢天喜地。

总而言之，我们务必放弃那些不必要也无意义的忧虑，不要把自己搞得筋疲力尽。永远记住，即便生活本身令人感到无奈，我们也有选择快乐的权利。只要一个人决心享受快乐，就没有不快乐的。快乐与不快乐，就在于我们自己的选择。

第八章

风浪声中品茶，山石林间听松

——慢下来，把牢骚酿成诗

"牢骚太盛防肠断，风物长宜放眼量。"面对生活中
的不如意，需要我们用明媚的微笑，乐观的心态，宽容
的胸怀去看待。需要我们慢下来，把牢骚酿成"风浪声
中品茶，山石林间听松"的诗，静待幸福来敲门。

风物长宜放眼量

生活不是处处都有顺境的，

当困境来临时，应该学会悦纳，

经得起苦痛的折磨，才尝得到苦尽甘来的滋味。

常言道："生活百味。"生活中除了让我们感到幸福的事，也有让我们感到不幸的事。我们无法选择性地接受，无论是顺境也好，还是逆境也罢，我们都会经历到。生活并不会因为我们对困境的惧怕而给我们任何特权。我们要乐于接受顺境，但是我们也要学会悦纳逆境，因为没有品尝过苦的人，不能深刻地理解甜。只有经历过困境，才能享受生活的幸福，阴雨过后才会是晴天。

世人都要经历困苦，上天是公平的，因为有苦，才会有甜。没有人能够一帆风顺地生活，没有任何烦恼。面对困境，我们可以淡然以对，没有不会晴的天，一直抱怨只能让自己时时痛苦，看淡一些，困境对我们的折磨也就小一些。

从前有一个商人，他虽然起早贪黑地工作，但是仍然没有很多的钱。有一次，他到一个庙中祈福，希望自己可以富有起来，祈福之后，他按规矩添了香火钱。回到家后他开始想，为什么和尚什么都不用做就能衣食无忧？他每天都这么辛苦地工作却没有相应的回报，之后的很长一段时间，他都在抱怨着上天的不公。

偶然的一天，一名僧人到商人家去化缘，想到自己起早贪黑只能勉强度日，而和尚却可以通过这样的方式谋生之后，他萌生了出家的想法。没过几天，他就抛弃了家业，做了一名苦行僧，靠化缘生活。

刚开始，商人抱怨着之前的生活，随着日子的流逝，他的注意力集中在了眼下的生活上。化缘并不是想象中那么容易的事情，此时的他已经无暇抱怨曾经的生活，转而开始抱怨起了做苦行僧的艰难。随着他走访的地方增加，他见识了很多幸福和不幸福的人，渐渐地，他不再抱怨，终于，他变得平静。通过旅程中见到的人们，他悟出了一些道理。

已经成为僧人的商人在一个地方停了下来，用茅草搭建了非常简陋的庙宇，自己伐木雕了佛像。在那里，他为曾经像自己一样烦恼的人排疑解惑。虽然生活异常辛苦，但是他不再抱怨。因为庙宇太过简陋，所以每到雨天就会漏雨，信徒们抱怨庙宇的简陋，考虑过后，他开始着手募集善款修建庙宇。

随着信徒的增加，人们又自主募集钱雕刻了精美的佛像。后来又开始有信徒在这里出家。在生活越来越好的时候，僧人已经不再注意物质了。当他成为一名得道高僧、成为住持之后，才发现现在的自己已经走出了困惑和不幸。

我们因为总是抱怨困难给我们带来的一切，所以一直不能忘记自己的不快，也就觉得困境非常难熬，就像商人一样，他只活在自己的抱怨当中，而当他成为得道高僧学会悦纳一切的时候，他已经自然地走出了困境。我们在生活中也是如此，不要总是抱怨眼前的一切，学会开心接受，畅想一下未来，困难很快便会过去。

如果我们能够平静地接受生活给我们的磨难，不去抱怨的时候，我们的心就已经挣脱了不幸的束缚，此时的我们其实就已经开始享受幸福了。我们只有坦然喝下苦涩的茶，才能享受甘甜的后味。

从前有一位优雅而美丽的妇人，她丈夫去世之后，她便带着大半生的积蓄离开了那个伤心之地。到了一个美丽的小镇，她停了下来，决定在那里开一间美容院开始新的生活，度过余生。没想到意外发生了，在她刚下火车的时候，小偷偷走了她的钱。在发现事实之后，她慌了手脚，不知道应该怎么做了。

这个事实对妇人的打击实在是太大了，但是她很快就平静了下来，没有抱怨一句。她想，我只不过丢了钱，除了钱，我还有很多，我还有朋友，抱怨不但不能找回丢掉的钱，还会让自己成为一个怨妇。这样想过之后，她坦然接受了这个事实，然后第一时间联系了家人，没多久，她又在这个城市联系到了曾经的朋友。

经过一段时间的奔波，妇人借到了钱，虽然不足以开美容院，但是足够摆起一个小小的摊位。她开始在街边支起了摊子，卖一些经济实惠的化妆品。她非常努力，无论生活如何艰难，她都笑脸迎人，没有一句抱怨。

经过几年的积累，妇人终于有了自己的美容院。因为她总是笑脸迎人，从不抱怨，所以即使她并不年轻，但是依然优雅美丽，她成为了自己美容院的广告，生意也越来越好。后来她又开了第二家店……最终，她在那个城市成为了名人，有了自己品牌的连锁店。

困境只能捆绑住我们的心，不能捆绑住我们的手脚，即使生活有时不尽如人意，我们也能想到办法。遇到问题的时候，我们要想解决的办法，而不是抱怨，先解放我们的心，才能解放我们的生活。生活给予我们的一切，我们要学会接受。保持平常心，不被困境所束缚，就能够活出自己的幸福。

　　苦尽才能甘来，我们要秉承这个信念渡过困难，而不是抱怨着挨日子，我们要学习故事中的妇人，在困境面前潇洒一些，用自己宽广的胸怀接受生活带给自己的不圆满，用平和的心去感受生活，那么就一定能够听到幸福的敲门声。

风浪声中品茶香

生活不如意之事十有八九，

每天都皱着眉头，

还不如开心地笑笑，对烦恼一笑而过。

生活不可能事事如意，有时难免会有烦恼，也许是工作上的，也许是生活上的。如何应对烦恼才能让我们幸福一些就成为了我们需要考虑的问题。其实答案很简单，我们可以选择笑一笑，因为烦恼没有什么大不了，和曾经所经历的大风大浪相比，烦恼的只是微不足道的小事。

因为一些烦恼而抱怨，只能让自己变得更加烦躁，通常情况下，烦恼并不足以影响我们幸福的生活，所以不妨乐观一点儿，一笑而过，这样烦恼也能很快被我们遗忘。我们可以将烦恼看作是生活的一味调剂，在我们感到麻木、疲惫的时候，烦恼可以提醒我们不要忘了生活当中的幸福。

美国前总统罗斯福有着权力和地位，在人们的眼中是人生的赢家，然而即使是这样的他，生活也并非事事如意。

曾经有一次，罗斯福家失窃，丢失了很多贵重的物品。照常理来看，他至少应该烦恼抱怨一阵子，毕竟无缘无故就让自己蒙受了不小的损失。然而事实却让所有人大吃一惊。

罗斯福的朋友在知道情况后想要安慰他，希望他不要在意这些而影响身体的健康。收到朋友的安慰后，罗斯福给朋友回了一封信。

在信中，他并没有任何抱怨的话，显得非常从容，就像事情没有发生一般。罗斯福在信中提到，他很感谢朋友，他很好，也很幸福。虽然失窃了，但是好在他们家人身体健康，贼只是窃取了他们的财富，没有危及他们的生命安全。虽然贼偷走的东西有很多，但那并不是他财产的全部。最重要的是，做贼的是那个人而不是自己。

罗斯福明白丢了的东西无法找回，所以干脆不去想这些让人烦恼的事。在遇到让我们烦恼的事情时，我们应该想办法为自己消除烦恼，而不是通过抱怨让它们日益膨胀起来。任何事情都有两面性，我们可以选择从乐观的视角来看待，笑一笑就能过去，无须为了一点儿烦恼而给自己的幸福平添瑕疵。

有句话说得好，幸福的人同样幸福，不幸的人各有各的烦恼。虽然出现的问题不同，解决的办法也不同，但是在烦恼面前，我们能够拿出相同的态度，不管是怎样的烦恼，我们都选择乐观面对，不去抱怨才能让我们脱离烦恼的苦海，才能让我们不至于被一时的烦恼扰乱了步调。

海伦·凯勒被人们所熟知，她就是《假如给我三天光明》的作者。虽然她被人们崇拜、敬仰，但这并不代表她没有烦恼，相反，她的烦恼可能更多。她是一个残疾人，所以可能连最基本、最简单的生活都会让她产生常人无法体会到的烦恼。

在海伦还不到两岁的时候，就因为猩红热而失去了视力和听力。没有了这些，基本生活都成为了问题，她生活在一个孤独而晦暗的世界中，在那里，没有声音，也没有光明。

海伦不是没有抱怨过命运的不公，不是没有为最简单的自理烦恼过，但她还是学会了笑对人生。她先是摒弃了自己的悲观情绪，然后开始克服自己生理上的缺陷，将自己的心理建设得强大起来。虽然生活中最简单的事情都有可能难倒她，但在这样的情况下，她仍然学会了读书和说话，而且上了学，掌握了英、法、德等5国语言，最终成为了著名的教育家。

在海伦拼搏努力的过程中，她时刻没有放弃创作，所以写出了很多名作。不仅如此，她还献身慈善事业，为盲人学校募集资金，也因为这些，她得到了许多国家政府的嘉奖。即使生活对她不够公平，但是她在遇到烦恼时还能笑着面对，没有一丝抱怨，也正是因为这样，她的生命中才出现了只有她才能看到的阳光。

相对于海伦·凯勒来说，我们的烦恼简直不值一提，因为不管遇到什么烦恼，我们还能听到动听的音乐，看到美丽的景色。烦恼，没有什么大不了，即使我们生病了，至少能够医治，比起已经无法挽救的人来说，我们还有着希望和未来。即使我们失恋了，至少我们爱着的人还活着，我们还有走向下一段幸福的机会。

没有过不去的坎儿，只有不愿过的人。在遇到烦恼的时候笑一笑，抚平自己的内心和情绪，才能脱离烦恼的掌控。只有学会了笑对烦恼，才能做到笑对人生。

抬头便可望见蓝天白云

面对生活中的抱怨，

应该心态平和，保持平常心。

摒弃了抱怨，你的心灵便是一片浩渺的水域。

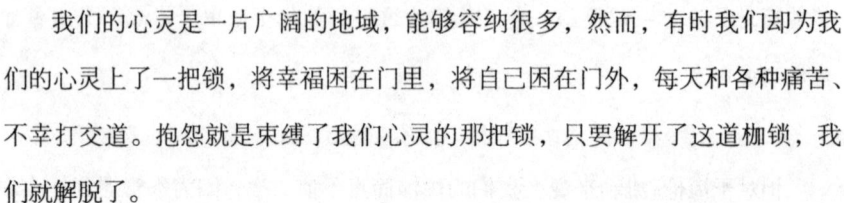

　　我们的心灵是一片广阔的地域，能够容纳很多，然而，有时我们却为我们的心灵上了一把锁，将幸福困在门里，将自己困在门外，每天和各种痛苦、不幸打交道。抱怨就是束缚了我们心灵的那把锁，只要解开了这道枷锁，我们就解脱了。

　　解开抱怨枷锁的钥匙其实就在我们自己手中，只是我们总是考虑绕远路通过，而没有想到要打开枷锁。在现实生活当中，一些琐碎成为了我们抱怨的素材，总是在意这些，只能让我们看不到幸福，甚至忘记了曾经的美好。

　　有一对相爱的年轻人，他们的爱情遭到家人的反对。女人的父母担心男人给不了女儿优越的物质生活，怕孩子受苦，而男人家则嫌弃女人十指不沾阳春水，担心自己的儿子在婚后会更加辛苦，所以两家的父母都坚决反对。但是两颗年轻的心却日益靠拢，最终他们仍然凭借他们忠贞的爱情而走到了一起。

他们非常珍惜他们得来不易的爱情。刚开始的日子虽然很艰难，但是他们过得非常甜蜜。虽然工作辛苦，但是女人和男人仍然感觉到了幸福，女人为了心爱的男人开始学习做家务，他们觉得生活得非常幸福。男人努力工作赚钱养家，女人操持家事，随着时间的推移，他们的物质生活越来越好，但是他们的婚姻却在这个时候出现了危机。

因为工作原因，男人时常回家很晚，女人对此的不满越来越深，于是开始抱怨。在外面工作本来压力就很大，回家后还要听妻子的抱怨，男人感到非常疲惫。见自己的抱怨得不到应有的回应，女人开始指责男人，拿朋友的老公来和男人作比较，又拿养尊处优的朋友和自己作比较。面对这样的妻子，男人越来越不满，于是回家的时间越来越晚，女人的抱怨也越来越严重，两个人当初的幸福早已不见了踪影。

故事中的女人因为喜欢抱怨，所以来不及享受曾经奋斗出来的幸福，就已经进入了不幸之中。生活当中，我们也难免会因为学习、工作或是生活产生各种不满，但是抱怨除了让自己感到更加烦闷之外，对自己的境遇改变并没有任何帮助，还可能让情况越来越糟。没有人会抱怨自己的未来，人们所抱怨的只是眼下和过去，既然不能对自己的明天产生任何影响，那就应该释然一些，这样才能把握住幸福。

看到的是快乐，生活中便充满快乐，看到的只有不幸，生活就会变得不幸，一直着眼于自己的不幸，那么生活自然难以顺利继续。抱怨是一种习惯，习惯于抱怨就只能将自己束缚在不幸当中，换个角度看世界，多注意生活当中的美好，自然就能挣脱抱怨的枷锁，过得轻松自在一些。

从前有一个天资聪颖的年轻人，他实力超群，有着远大的理想抱负。在他上学的时候，就为自己做了人生的规划，等着进入社会大展宏图。

　　年轻人终于等到毕业实现自己远大理想抱负的时候了，但是现实并没有他想象中那么美好，进展的过程并不顺利，没有一个公司能让他长久驻足，他反复地换工作环境，无论是什么样的环境，都不能让他停留3个月。他虽然工作能力很强，但是却很难适应环境，在人际交往方面尤其明显，无论是在哪里，他都会抱怨同事、抱怨老板，这样的心情影响到了他的工作状态，喜欢的工作也不再有乐趣，甚至连完成都很勉强。在这样的情况下，他感到自己的未来非常渺茫，对未来也感到绝望。

　　终于，年轻人不能忍受身边的一切，抱怨着离开了公司，他选择出去散心，在路上，他还是抱怨着公司的一切，无暇欣赏风景。车上人很多，没有座位，在他等了几站后，终于发现一个座位，正当他想上前的时候，边上的一个人抢先了一步，他非常气愤，开始习惯性地抱怨。

　　这时，年轻人身边的一位老者对他说："小伙子，你看，今天的天真蓝。"他看向窗外，发现天空非常漂亮，万里无云。他忘记了抱怨，忘记了愤怒，这个时候他才明白，因为抱怨，自己放走了身边的幸福。

　　有时候，我们会对周遭的一切感到不适应，就像故事中的年轻人一样，然而，抱怨并不能让我们尽快适应一切，反而会让我们越来越焦躁，没有一颗平常心就难以感知生活当中出现的幸福。其实，生活当中的美好有很多，关键在于我们习惯发现美，还是习惯于抱怨缺憾。试着感受生活当中的美好，让自己尽早挣脱抱怨的枷锁。

生活当中，我们需要保持平常心，面对让我们不满的事情要学会淡然以对，摒弃抱怨，找到生活当中快乐的源头，才能解开抱怨的枷锁，将我们从不幸当中解脱出来。

山穷水尽处，彼岸有花明

抛开抱怨，相信自己。

当山穷水尽时，

只有自信的人才会发现柳暗花明。

毛泽东在《赠柳亚子先生》这首诗中写道："牢骚太盛防肠断，风物长宜放眼量。"这两句诗歌的意思是：人的一生往往会遭到很多困扰与烦恼，但不应该牢骚满腹，而要放开眼界，从长远打算。综观古今中外的成功人士，没有一个是一帆风顺的，但却没有一个是牢骚满腹、怨气连天的。他们不是没有困难，之所以没有抱怨，是因为他们对自己充满自信。

1962年，美国历史学会组织历史学家投票，选出了五位最伟大的美国总统。选举结果是，富兰克林·德拉诺·罗斯福排名第三，仅次于亚伯拉罕·林肯和乔治·华盛顿，他是美国历史上唯一一位连任四届的总统，也就是入主白宫时间最长的总统。在当时，罗斯福被公认为是世界历史上能够扭转乾坤的巨人之一。基于他在带领美国走出世界经济大危机上的国内政绩，以及他在第二次世界大战中发挥的作用，前英国首相温斯顿·丘吉尔对他做出了很高评价，他认为罗斯福是对世界历史影响最大的一位美国人。

众所周知，美国总统罗斯福是个残疾人，但他的自信却也是世人共知的。

在罗斯福一生的成长和事业中，自信起到了重要作用。39 岁时，他患上了脊髓灰质炎 (俗称小儿麻痹症)，但罗斯福没有抱怨命运的不公，而是凭着顽强的毅力积极配合治疗，最终躲过了全身瘫痪；并且以顽强的毅力拄着双拐出现在 1932 年总统竞选的讲坛上，由此成为美国历史上唯一一位身患残疾的总统。在第一次就职演说中，美国社会正面临经济"大萧条"，针对此情此景，他说："首先，让我们表明自己的坚定信念：唯一值得我们恐惧的东西就是不可名状的、未经思考的、毫无根据的恐惧，就是转退为进所需的努力陷于瘫痪的恐惧。"这一番讲话深刻地鼓舞了美国人，而美国也就此逐渐走出经济的泥潭。

综观罗斯福一生，他虽然身罹残疾，具有平常人难以想象的压力，但他从不抱怨，而是脚踏实地做自己的工作，追求自己的梦想。如果罗斯福像普通人一样埋怨发牢骚，姑且不说成功，像一个健全人一样地独立生活也很困难。正是积极的生活态度，让罗斯福从不埋怨，是自信成就了他的伟大，成就了他的丰功伟业。

那些喜欢抱怨的人，大多数都是因为对自己缺乏信心。正因为觉得自己没有能力改变个人境遇，抱怨才成了他们的发泄途径。有人认为，发发牢骚，心情就舒坦了，可以更好地工作。其实，这是一个"自相矛盾"的观念，在你不停抱怨的同时，自己的缺点也最大限度地暴露了出来，而这未必对改变生活中的不幸有任何帮助。我们不要把发牢骚这样最没用的事情当成了捍卫自己内心的盾牌，而应该建立自信，从解决问题的本质入手。

事实上，在不同的场合，每个人都或多或少地会有点不自信。当有人问我们：你是优秀的人吗？很多人会犹疑不决。也许那些当时恰好表现突出的人会作出肯定的回答。但如果继续问他们：你觉得自己是最优秀的人吗？这时能够作出肯定回答的，往往就寥寥无几了。

海伦·凯勒是美国有名的教育家，她是一位残障人士。不过，当许多人读过《假如给我三天光明》自传以后，都会对她肃然起敬，这是一个生活在黑暗中却又给人类带来光明的伟大女性。她认为："信心是一种心境，有信心的人不会在转瞬间就消沉沮丧。"实际上，当听到"你是优秀的人吗"这个问题时，许多犹豫不决甚至作出否定回答的人，在某个范围来说或许确实是最优秀的，只是他们不敢相信自己，对个人价值缺乏信心，这才是他们作出否定回答最主要的原因。

美国著名成功学家拿破仑·希尔鼓励人们，一定要建立自信。他说：一个人在做事之前，不妨大喊50遍"我成功，因为我自信"，这样就可以获得某种精神动力。我们倒不用真的每次都这样呐喊，但欲成事者无论面对何种挫折，都应该有这种观念。

有一个墨西哥女人，为了过上更好的生活，她和丈夫、孩子决定一起移民美国。然而，当他们抵达美国和墨西哥交界的得克萨斯州艾尔巴索城时，她的丈夫却不辞而别，离她而去，留下自己束手无策地面对着两个嗷嗷待哺的孩子。22岁的她决定带着孩子独自闯荡美国，哪怕饥寒交迫。就在这样的一刻，她告诉自己：我没有时间和精力去抱怨，我必须把自己和孩子都照顾好。

虽然口袋里只剩下几块钱，这个墨西哥女人还是毅然买下车票前往加州。到美国之后，她先在一家墨西哥餐馆里打工，每天从大半夜做到早晨6点钟，收入只有区区几块钱。然而她省吃俭用，努力储蓄，尽可能将每一分钱都存下来。她想要实现自己的梦想——开一家属于自己的墨西哥小吃店，专卖墨西哥肉饼。

直到有一天，她拿着辛苦攒下来的一笔钱跑到银行申请贷款。她说："我想买下一间店铺，经营墨西哥小吃。如果你们肯借给我几千块钱，那么我的愿望就能够实现了。"这个陌生的外地女人，没有财产抵押，也没有担保人，甚至于她自己也不知这个计划能否成功。但幸运的是，那位银行家佩服她的自信和胆识，决定冒险资助她。

这一年，墨西哥女人25岁。从那一天开始，她慢慢地经营起自己的墨西哥肉饼店。经过15年的努力，这间小吃店不断发展壮大，并陆续开了多家分店，最终拓展成为全美最大的墨西哥食品批发店。这个墨西哥女人就是拉梦娜·巴努宜洛斯。

这个坚强的女人终于成功了，她的故事里最让人震撼的部分就是从不抱怨。丈夫莫名其妙地离开了自己和孩子，她没有埋怨；一个人带着孩子们辛苦地生活，她没有埋怨；自己想开家小店却没有资金，她还是没有埋怨。这个女人用坚强、自信还有努力代替了埋怨，所以，成功才会青睐她。

每个经历过挫折并在此后取得成功的人都有一个共同的体会，那就是不要老是埋怨一切。哭天抢地对于改变现实没有任何帮助，要想成功，就应该建立自信，只要相信自己，就能往前进步。只要自信，即使追求的目标如移山倒海般困难，就终有成功的一天。卡耐基说，自信才能成功。信心是人类一种最坚强的内在力量，它能够帮助你渡过最艰难困苦的时期，一直到曙光最终出现。信心从不会令人失望，它会帮助人发现和确认自身的价值和潜能，最终取得成功。

自信与胆量密切相关，二者都是通向成功的桥梁。自信可以生出胆量，同样，胆量也可以生出自信。自信能够给予强者勇气、力量和智慧，让他敢于做别人不敢做甚至不敢想的事。只要有足够的自信，一个丑女也有可能成为一位人人羡慕的王后。

　　战国时期的钟离春是我国历史上有名的丑女。据说，她额头前凸、双眼下凹、鼻孔向上翻翘、头颅宽大、头发稀少、皮肤黑红。不管是以古代还是今天的审美标准来看，都称得上是标准的丑女。然而，她虽然模样难看，志向却很远大，而且知识渊博。当时执政的齐宣王才智不足，以致国家政治腐败、国事昏暗，而他本人又性情暴躁、喜欢吹捧。

　　为了拯救国家，钟离春冒着杀头的危险，当面一条条地陈述齐宣王的劣迹，并指出若国君再不悬崖勒马，齐国就有亡国的危险。齐宣王听后大为震惊，就把钟离春看成是自己的一面宝镜，可以知道得失。齐宣王认为，唯有贤妻辅佐，自己的事业才会蒸蒸日上，正所谓"妻贤夫才贵"。于是，这个身边美女如云的国王，竟出人意料地把钟离春封为王后。

　　东汉时的孟光也是个外貌"困难"的女人。据说，她长得又黑又胖，模样极丑，父母已做好女儿嫁不出去的准备。可孟光却别有想法。当时，有媒人替孟光与一丑男搭桥，孟光却说："非梁鸿不嫁。"

　　梁鸿是当时有名的大文人，有不少美女想嫁给梁鸿但均遭拒绝，甚至有人因此得了相思病。可想而知，孟光对媒人说出的这番话一时传为笑料，人们讥笑她是"癞蛤蟆想吃天鹅肉"。然而，造化弄人。不久，梁鸿知道了孟光的事，他却没有和别人一样嘲笑孟光。在经过一番了解后，梁鸿很钦佩孟光的人品和学识，相信她不是攀龙附凤之人，就决定娶孟光为妻。后来，梁鸿一时落魄，无奈地到异地当佣工，孟光也毫无怨言地随同前往。两人一生患难与共，白头偕老，"举案齐眉"说的就是他们两个，而这也成为著名的历史典故。

钟离春、孟光两人虽然外表很丑，但她们并没有因此埋怨老天对自己的不公平，而是勤奋好学，专注于内在的修养。结果，两人都自信勇敢地追求自己的梦想，用智慧美、品德美取代了相貌丑，赢得人生。

由此可见，古今中外任何成大事者都是从不抱怨的，因为他们知道，只是抱怨注定于事无补。与其发牢骚，不如自信地面对人生，通过自己的努力去改变命运。相反，历史上和我们生活中所见的那些碌碌无为之人，几乎无一不是牢骚太盛，只要他们发现自己哪一点不如别人，或者偶遇一点挫折，就会牢骚满腹、抱怨一切，结果就是把自己前进的能量消耗殆尽。

"金无足赤，人无完人"。在这个世界上，我们每个人都不是十全十美的，无论是在生理上还是心理上，都会有着或多或少的缺陷和不足。但问题在于，一个人能否正视自己的缺陷和不足？是征服还是屈服，这却是强者和弱者的区别。强者敢于正视自己的不足和缺陷，不会因此而自卑，他们相信自己一定能成功，而弱者恰恰相反。态度决定一切，这种个人的选择将决定幸福是否在你的脚下。因此，只要想获得人生的幸福与快乐，我们就必须要敢于正视自己，既享受强项与优势，也正确看待缺陷和弱点，并对自己充满信心。

俄国作家契诃夫说得好："有大狗，也有小狗。小狗不该因为大狗的存在而心慌意乱。"既然所有的狗都应当叫，那就不妨让它们各自用自己的声音叫好了。小狗不会因为有了大狗的存在，自己就不自信，就开始埋怨上天不公，以至于忘记了天赋的吠叫的能力。切不可看了《红楼梦》，就停止了在文坛上的努力；或看过马拉多纳、梅西踢球，便放弃了绿茵场上的梦想；也不能因为听过帕瓦罗蒂或张学友的歌声，便自认音乐的道路就对自己终止了。其实，如果总担心自己比不上别人，那么这个世界上也许就从来不会出现帕瓦罗蒂、马拉多纳这样的伟大人物了。

莎士比亚说："自信是走向成功之路的第一步，缺乏自信是失败的主要原因。"我国古人曾说："哀莫大于心死，而身死次之。"一个没有自信的人很难成功，就像没有脊梁骨的人很难站得挺直。这不是因为他们没有能力、没有潜力，而是因为没有动力。放弃那些毫无意义的埋怨吧！拥有自信，是一个人成大事的必备素质，也是一生中最宝贵的财富。

如果一个人年轻时就能够懂得永不抱怨的价值，那实在是一个良好而明智的开端。倘若你还没有修炼到此种境界，那么不妨记住下面的话："如果感到自己想说的话是抱怨，那就坚持不要说出口。"

一丝微笑，一念天堂

生活不是一帆风顺，而是荆棘遍地，
只有披荆斩棘，才能顺利实现人生的价值。

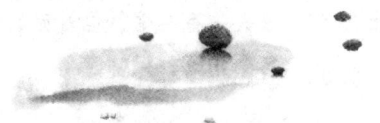

　　有些人之所以对现实有各种各样的抱怨，并不是现实真的对他们不公平，而是现实没有给他们自己想要的所有东西。这种心态除了让生活变得一团糟，并不能给他们带来想要的生活。如果我们能够拥有感恩生活的心态，拥有感激失败的智慧，那么就能化解抱怨的戾气，让身心获益，并因此可以享受到一份更多的欢乐、更幸福的生活。

　　抱怨是每个人心中都存在的一种情绪，本来无关紧要。比如，我要去旅行，但是天下雨了，就随口抱怨两声天气。但是，这种心态对于我们却往往有弊无益，因为抱怨过度就会影响我们的心理状态，导致事情进一步恶化。夫妻间相互抱怨，会影响双方感情，甚至导致离婚；下属对上司抱怨，会影响工作进度，甚至招来辞退之祸；朋友之间互相抱怨，不仅会破坏了曾经点滴累积起来的情谊，还有可能双方因此反目成仇……因此，抱怨往往会给我们造成不必要的损失，而对实际事务的解决没有一丁点儿的好处。与其招惹许多麻烦，我们不如尽力杜绝它的存在。

从前有一个农夫，他常常划着小船，给下游村庄的居民运送自家生产的粮食。有一年，天气很古怪，烈日当头，酷暑难耐。因此，农夫总是汗流浃背，苦不堪言。一天，他用力划着船，希望能快点到达目的地，好上岸休息一下。此时，农夫突然发现有一艘又轻又快的木船正朝着自己的小船迎面驶来。他十分烦躁地朝对面大喊："快点让开！你这个蠢货！再不躲开你就要撞上我了！"农夫一番叫嚷，但对面的木船丝毫没有避开的意思，还是朝着他的小船直冲过来。

农夫见状只好手忙脚乱地向岸边躲避，但为时已晚，两艘船还是重重地撞在一起。这时农夫十分气愤，认为对方是故意撞来的，他因此大发雷霆，厉声斥责："你到底要干什么！这么宽的河面，你怎么走不行，非要靠着我这边，还撞到了我，你到底会不会开船？"一番责骂后，对方的船上却没有任何人应答。农夫起初非常生气，可是仔细审视对面的木船后，他吃惊地发现，这条船上竟然空无一人。原来，那竟然是一艘顺流而下的空船。

这则寓言故事告诉我们：在很多情况下，当你一味抱怨、指责、怒吼的时候，听众也许只是一艘空船。那个让你感到烦躁和不安的人，事实上绝不会因为你的指责和抱怨而改变他自己的初衷。更多的时候，那个让你恼羞成怒的人，往往就是自己。这样的教训简直数不胜数。因此，我们应该停止无谓的抱怨，避免它变成我们自己的麻烦。

幸福并不是拥有得更多，而是计较得比较少。面对生活中的困难与问题时，幸福的人从来不会问自己"为什么"，而是问"为的是什么"。他们也不会在"生活为什么对我如此不公平"的问题上长时间地纠结，而是会就"我该怎么克服难题，改变生活"这个问题上积极开动脑筋，想办法解决。只有问题解决了，生活才会更美好。诅咒和抱怨，永远是过眼云烟，它抹不去生活的伤痕。

那些总是以消极心理来认识世界，并且惯于心存抱怨而不是主动行动的人是不可能成功的，因为他们把宝贵的时间浪费在积存怨愤上，浪费在责备社会、埋怨家庭上，而不是想办法搬开脚下的绊脚石。只有心怀感激、态度积极的人才能珍惜每一份真挚的感情，理解每一个自己身边的人，进而想方设法避开路上的陷阱，从而走上通往幸福的道路。对后者而言，失败与成功同样值得感谢，因为他们总能从中找到前进的动力，而不是停下脚步。

一家知名寺院的师父曾经收到过这样一封来信："尊敬的师父，您好！我是一位经常到贵寺参拜的女大学生。三个月前，与我相处两年的男友突然向我提出分手，原因是他爱上了我的室友。无可奈何之下，我只能同意。分手后，他和我的室友经常出双入对，甚至在我面前大秀恩爱。这给我造成了很大的心理危机。我无法接受其他室友的异样眼光，也没办法承受他们给我带来的这种伤口上撒盐的疼痛，我决定一死了之。师父，希望您能祝福我，让我这个无辜的生命得到好的归宿！"看到这里，师父立刻着手回复了一封信件，并让快递公司加急特快送到女大学生手中。

师父的回信是这样写的："你好！首先要告诉你的是，自愿放弃生命的人是无法得到好的归宿的。其次，你应该感谢伤害你的人，而不是就此意志消沉，放弃生命。因为这个男人磨炼了你的心智；感谢欺骗你的人，因为他增进了你的智慧；也要感谢中伤你的人，因为他砥砺了你的人格；感谢鞭打你的人，因为他激发了你的斗志；还应该感谢遗弃你的人，因为他教导你该独立；感谢绊倒你的人，因为他强健了你的双腿；感谢斥责你的人，因为他提醒了你的缺点。你要记住,生活很复杂,凡事要感激,应学会感激,只有感激一切才能使你成长!"这位想要轻生的女孩子在收到师父的信后大受启发,立即决定停止轻生的想法。然后,她立即找了一家美发店,第一时间换了新发型,决定用微笑面对自己的前男友与室友,并正确看待他们给予自己的伤害,让自己成熟起来。

生活不是一帆风顺,而是荆棘遍地,只有披荆斩棘,才能顺利实现人生的价值。当我们的身心受到伤害,信任遭遇欺骗时,如果一味抱怨或者耿耿于怀,那只会让自己深陷伤痛之中,最终无法自拔。如果换一种活法,怀着一颗感恩的心,不管别人用什么方式来对待你,你都坦然处之,把他们对自己造成的伤害看成一句告诫、一股力量,看作人生中的又一课,以此来提示自己不要犯错,激励自己成熟起来、坚强起来,那么你的道路就会和别人不一样。

每一件事都存在着不同的方面,从不同的角度观察,便会有不同的结果。生活中往往是,一件事在向我们展示坏的一面时,也在无形中具有好的一面。当我们面对困难与挫折、失败与痛苦时,即便感到难以忍受,也不妨换个角度想一想,试着用感恩的心态去理解和面对,试着用分析的眼光来体察其背后的崭新可能。要审视那些给我们伤害的人,是他们磨炼了我们的心智、增进了我们的智慧,让我们学会辨别好坏、分清美丑,对世界的复杂性具有了更深刻的认知,从而防止再次受骗。也是这些我们一度信任的人们让我们学会了坚强,懂得了眼泪是笑容的开始,也懂得了去加倍珍惜那些不伤害我们的人。

当我们学会用感恩的心和审视的眼光去面对挫折时,我们就能够正确地接受失败与伤害，我们就不会再一味地沉浸在痛苦中，更不会被烦恼包围着而裹足不前。假如每天记下一件值得感激的事，那么我们的这种能力就能进步得更快。

感恩节是美国人十分注重的传统节日之一。每年到了这一天，每个家庭的亲朋好友都会欢聚一堂，大家互相交流，并且共同称颂上帝，感恩其在过去的一年里所给予人们的一切仁慈与恩惠。不仅家庭如此，感恩节当天，所有的社会组织和机构也会奉行相似的宗旨。各大超市的门口往往会放置一个大篮子，装满了饮料和食品，这是专门供给那些食不果腹的乞丐与贫穷的人。教堂、学校、政府等机构也会特别准备大量的食物，发放给无家可归的那些可怜人。目前，感恩节几乎风靡全球，受到了世界上大多数人的推崇。也许有的人是无神论者，但大家在这一天都会记住感恩节的真谛，那就是心存感激地帮助他人，为自己的心灵收获满足与幸福。

不光是感恩节才有感恩的事情值得纪念，在我们生活的每一天都有值得感激的事情发生。如果饿的时候有饭吃，渴的时候有水喝，冷的时候有衣穿，生病的时候有人关心和医治，我们肯定都会觉得特别幸福。每逢此刻，你不妨发自内心地予以感谢。想一想这些东西是谁供给的，又是从何处得到的。只要拥有一颗懂得感恩的心，就能发现平凡生活中的美丽，在平凡而琐碎的日常生活中发现不一样的美，在酸甜苦辣的曲折人生中体会到甜蜜的幸福与快乐。

美国加利福尼亚大学的一项研究显示，如果人们经常记录值得感激的事，就会在未来的一周变得更加乐观，对自己的生活也会更加满意，对要做的事情也会充满兴趣。所以，如果我们能够养成每天记录一件值得感激之事的习惯，也就等于是为自己的生活不断增添色彩，为自己的心灵不断寻觅幸福。

一个小小的习惯，或许就会决定你的一生。这些值得感激的事情可大可小、可繁可简，只要用心去寻找，你就会发现它远远不止一件，而且并不在别人的花园里，恰恰就在自己的菜篮子里。它们并不是距离你千里之外，而是"想你时，你在眼前"。

我们每天记录的事情，也许第二天就会重复发生，但这无关紧要。要知道，记录感激之事的目的并不是为了记录流水账，而是为了让自己体验被帮助、被关心、被呵护的幸福感受，去感受那种心灵的满足感，而绝不是枯燥无味的家庭作业。养成记录感激之事的好习惯，并不是记日记，而是如同在每日提醒着自己知恩图报，用感恩的心态帮助他人，给所有人带去幸福。

总之，只要你用一点点心思，每天只需花一点点时间，记录下一件令自己感激的事情，哪怕小小的，可以是母亲的一个微笑、父亲的一句叮咛、恋人的一顿早餐、朋友的一次关怀，久而久之，你就会重新理解幸福的定义。这些小小的记录，都会像是上天给予我们的礼物那样宝贵，所谓承恩雨露，值得我们用心去珍惜、用心去体会。

用心融化寒冰

没有解不开的疙瘩，
也没有打不破的坚冰，
只要用心，就能融化寒冰。

　　中国有句老话，叫作"冤家宜解不宜结"，生活正是如此。纷繁复杂的人生总会牵涉千头万绪，随便哪一方面哪一时刻，也许只是一个巧合，就有可能造成人们之间的误会。事实上，误解大多始于日常生活中鸡毛蒜皮的小事。或许是一句笑话、一个脸色、一篇文章、一封书信、一道传闻、一件用具等，那都可以成为产生误会的根由。

　　然而，人生在世，精神的愉快胜过一切，而和谐的人际关系无疑是构成愉快心情的重要因素。虽然由于各种原因，人际关系无法总是和谐融洽。不过，误会则不同，它不是针对无法给你带来快乐的人，而恰恰是让给你带来快乐的人就此和你分道扬镳，并因此形成人际关系中的遗憾。所以说，误会比直接结交品行不良的人更多一层痛苦。它是对美好生活的破坏。这种破坏并非主观的、有意识的、故意的，而往往只是因为互相的偶然隔膜、意识的不可交流性、感情的客观障碍所致。所以，大家都愿意消除误解。

　　消除误解的难处，首先在于，我们不能自觉地意识到个人的人际关系中误解的存在。所以，只有当我们自觉地意识到了这点，我们才可能产生疏通的动机和目标，误解也才有可能消除。

通常，我们在生活中容易与之产生误会的是这样一些人：交谈交往极少者，互不了解个性者，性格内向者，个性特别者，自视清高者，狂妄傲慢者，神经过敏者，喜欢信口开河者，爱挑剔小节者等。与上述这些人交往需要特别注意，不论是初次见面或比较熟悉的，你都要格外注意自己的言行是否容易产生歧义，说出来是否可能遭到误解，或者你的行为是否会令他觉得你对他存有偏见。

每一个人都有自己独立的小天地，这是一种成长背景，由此形成他之所思、他之所言、他之所行的特点，形成他自己的特色。不同的人，小天地的开放性不一样。有的人呈开放张扬的状态，随时准备接纳所有的人；有的人则呈封闭压抑的状态，这是不好交际、不善交际、不易交际的表现。与后者交往的时候，我们首先得开启那扇封闭的门，当我们走进去后才可能发现真正的他。否则，你只能在门外与他交往。如果对方根本没有做好接纳你的准备，你的一言一行就很难得其欢心，这时，各种各样的误会都可能产生。

如果你已经自觉意识到误解的存在，绝不应该像一只鸵鸟似的将脑袋扎在沙堆里，想要瞒天过海。这时候，最有效也最简便和直接的办法当然是：和他谈谈。直接与误解你的人交流，双方只要能够推心置腹，将问题解释清楚，那么自然能够真诚相待。绝对不要把误解带来的烦闷搁在胸中，也不要犹豫顾忌被拒绝。你完全可以设计出令人感到舒服的场合来进行这次对话，可以借一次家宴、一次舞会或一次公关活动，或一次约会，也可以是简简单单的一个电话，只要能够互诉衷肠，以心换心，双方就能冰雪消融，重归于好。

假如限于外界条件或者时间原因，你没有这种直接交流的机会，或者自己觉得直接解释的方式会让自己有些难为情，那么，用书信的方式。现代社会通信工具如此发达，书信、邮件、短信，你都可以详尽地阐明自己的观点，来表达对别人的歉意。也许，你去发一条微博，并且通知对方，亦可以化干戈为玉帛。

如果对方对你误解太深，已经对你形成偏见，甚至因为一次误解把你视同仇敌，那么问题当然就要困难许多。但是，所谓"精诚所至，金石为开"。只要你下定决心来解决这个问题，那就一定能够做到。关键在于，一定要用合理的方式来进行。第一，要采用恰当的方式；第二，要利用合适的时间。你大可通过间接方式来"曲线救国"。先向和对方比较亲近的人、对方信得过的人求助，恳请这些人在你们中间做桥梁和媒介。只要把引发对方怨气和误解的原因说出来，把你的诚意、你的本心都通过这位中间人传达过去，就能够让对方感受到你的诚意。一旦这种传达和疏导的努力到了一定时机，你们就可以直接交流了。

要相信，这世界上没有解不开的疙瘩，也没有打不破的坚冰，更没有过不去的火焰山。误解一旦形成，不论是你遭到了别人的误解或你可能正在误解别人，都应该坚持交流，而不是互相隔阂。

第九章

深潭巧逢故友，高山偶遇知音

——慢下来，把缺憾酿成诗

在浮躁的尘世，做一个笑看风月的人，过行云流水的生活，此乃人生的最高境界。做一个淡雅明丽之人，拥一份淡然之美，笑赏春樱夏草，闲看秋月冬雪。不管世事如何变迁，都心清如水，心明如月，心似白云常自在，意如流水任东西。

感受路上的流水落花

缺陷并不是生命和美丽的凋零与陨落，
只要珍惜，也能绽放美丽。

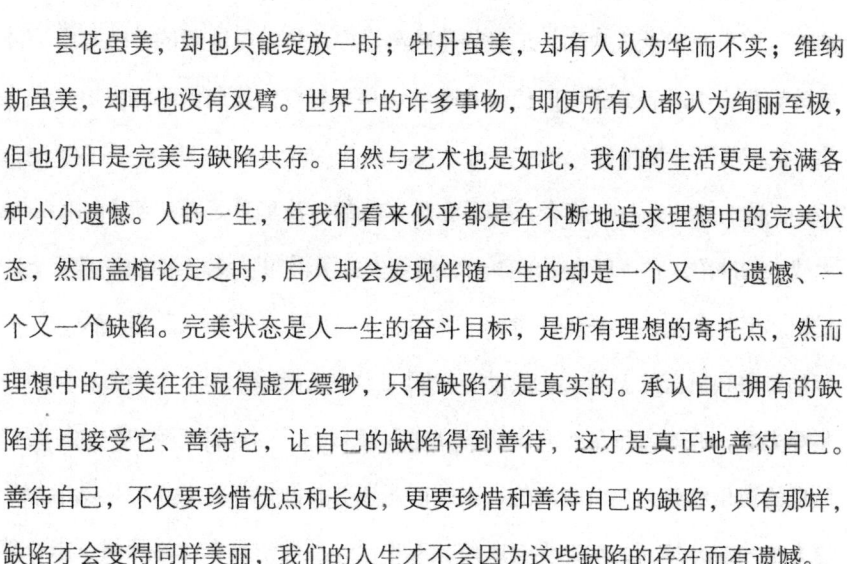

　　昙花虽美，却也只能绽放一时；牡丹虽美，却有人认为华而不实；维纳斯虽美，却再也没有双臂。世界上的许多事物，即便所有人都认为绚丽至极，但也仍旧是完美与缺陷共存。自然与艺术也是如此，我们的生活更是充满各种小小遗憾。人的一生，在我们看来似乎都是在不断地追求理想中的完美状态，然而盖棺论定之时，后人却会发现伴随一生的却是一个又一个遗憾、一个又一个缺陷。完美状态是人一生的奋斗目标，是所有理想的寄托点，然而理想中的完美往往显得虚无缥缈，只有缺陷才是真实的。承认自己拥有的缺陷并且接受它、善待它，让自己的缺陷得到善待，这才是真正地善待自己。善待自己，不仅要珍惜优点和长处，更要珍惜和善待自己的缺陷，只有那样，缺陷才会变得同样美丽，我们的人生才不会因为这些缺陷的存在而有遗憾。

　　在我们生活的这个地球上，有春暖花开和鸟语花香，也有雷电轰鸣和狂风怒吼；有美丽宜人的夏威夷和风光无限的威尼斯，也有冰天雪地的两极和不断喷发的火山，还有惊心动魄的海啸和地震。然而，没有人会认为，只有前者才是大美无疆，而后者就不值一提。完美总是与缺陷共存。也许有人会说："世界并不完美，多么令人遗憾!"但是你别忘了：缺陷也能因为其特别的要素而绽放绚丽的色彩。盘古开天辟地时，天地不分，世间万物混沌一团，好似无懈可击，而正是盘古那一斧劈出的缺陷才成就出了人们赖以生存的世界；女娲补天时，只剩下一块没有补全，而正是因为这一缺陷，大地才有了四季之分和风雪雷电；大地东倾，按说也算是个缺陷，但正是因为有了这个缺陷，世间才有了百川入海，泉水叮咚，江河瀑布，也因此才有了孔夫子"逝者如斯夫，不舍昼夜"的哲思，才有了"奔流到海不复还"、"问君能有几多愁，恰似一江春水向东流"的诗词歌赋。同样，昙花正是因为其花期的短暂，才显得美妙绝伦而格外珍贵。世界正是因缺陷而美丽! 所以，善待缺陷吧。只有敢于承认缺陷，正确善待缺陷，你才能看见缺陷的价值与美，才能珍惜生命中所有经历。即使会有残缺，那又怎样? 我们仍旧也可以享受人生，仍旧可以珍惜世界!

　　人的一生也一样。每个人都不会是完美的，我们总是存在着不同的，或大或小的缺陷。"一朝春尽红颜老，花落人亡两不知"，黛玉即便专享宝玉的爱情，但其葬花之情是何等凄凉。然而，正是因为那"花飞花谢飞满天"的悲愁景象和黛玉的悲剧，才成就了中国文学史上最感人的一个形象；贝多芬耳聋之后，他的音乐创作有了质的飞越，谱写出了《命运交响曲》这样传诸后世的音乐经典；英国的海伦、中国的张海迪，她们都身患某种足以击倒普通人的残疾，然而她们并没有因此放弃自己，反而依靠自己的顽强意志奋斗拼搏，取得了令人瞩目的成绩。她们的身体是残缺的，然而她们能够正视这些缺陷，因此而得到一个完美的心灵、高尚的精神。她们的人生，并不因缺陷而凋零，反而因缺陷而美丽，因缺陷而辉煌。请正视自己的缺陷吧，无论那是生理原因，还是社会原因，都要记住缺陷也能绽放绚丽的色彩。珍惜自己拥有的一切，既要以理想中的完美为目标，也要善待当下的缺陷，这将是你一生的财富。

以前有一个年轻人，他非常贫穷。为了生计，这个年轻人不得不在一户富人家做挑水夫。每天他都挑着两个水桶到五里之外的山泉打水。不过，令人奇怪的是，他的两只水桶有一个有裂缝，另一个则完好无缺。每挑完一次，那只完好无缺的桶总是满满的，但是另外那只却总要漏掉一半。然而，两年来，这个年轻的挑水夫却从未动过修理水桶的主意，他就这样每天挑一桶半的水，宁愿多跑两趟把水缸挑够也不愿意修桶。尽管主人没说什么，两只水桶却争论起来。完好无缺的那只很是自豪，它觉得自己能够圆满地完成任务。破损的那只桶则对自己的缺陷感到非常羞愧，它常常觉得，自己不能负起全部责任。

两年后，破损的那只桶终于再也忍不住了，有一天它开口对挑水夫说："我很惭愧，必须向你道歉。"挑水夫反问它："你为什么会觉得惭愧？"破损的桶说："过去这两年，水都从我这边一路漏掉了，因为我的缺陷害你事倍功半。"挑水夫听了很是替破桶感到难过，这不是因为漏水，而是因为它没有意识到自己的价值所在。于是，他对桶说："今天在我们回到主人家的路上，你要格外留意路旁盛开的花朵。"

听了挑水夫的话，破损的桶那一天在回家的路上就一路特别留意着身边的一切。当挑水夫走在回家的山坡上时，破桶看着看着突然感到眼前一亮。它看到，缤纷绚烂的花朵开满了路边，这些花儿沐浴在温暖的阳光之下显得特别可爱，而这景象使它开心了很多。但是，当挑水夫走到小路的尽头它又难受了，原来又有一半的水在路上漏掉了。见到此情此景，破桶再次向挑水夫道歉。这时候，挑水夫温和地说："我不是让你格外注意看路边吗？你有没有注意到，小路虽然有两个边，但是只有你的那一边有花，另外那一边却没有开花。我知道你有缺陷，因此我才根据你们的特点善加利用，在你那边的路旁撒了花种。这样一来，每次我从溪边回来，你就替我一路浇了花。你没有注意到吗？这两年来，那些美丽的花朵不但美化了主人的家园，甚至还装饰了主人的客厅。如果不是因为你这个特征，主人的桌上也没有这么好看的花朵了。"

这是个聪明的挑水夫，因为他能够慧眼识珠，看到缺陷的另一面。当破损的桶只看到眼前的短处，频频为自己的缺陷感到惭愧和难过的时候，挑水夫却能够把桶的缺陷美努力地发挥出来。他利用破桶漏水的特点，故意在路边撒下花种，把破桶漏掉的水用来浇灌花朵，从而打造出一片格外奇异的风景，让缺陷也能绽放绚丽的色彩。由此可见，只要能够善待自己的缺陷，珍惜自己的不足，也能让短处发挥出它可以发挥的价值，只有这样，才是一个成功人士最明智的选择！

月有阴晴圆缺，人有悲欢离合。我们的人生不可能太圆满、太幸福，况且月盈则亏，水满则溢。生命中有一个小小的缺口，未尝不是一件美丽的事，它让我们永远有追求幸福的动力。正视缺陷和不足吧，它或许会将我们带入另一片风景。月儿无法永圆不缺，鲜花无法永开不谢，天空不能永葆湛蓝，大海不能总是风平浪静，但这种缺陷并不仅仅表示着生命和美丽的凋零与陨落，相反，这很可能是一种摄人心魄的美。比萨塔的倾斜是缺陷，圆明园的凄凉是缺陷，维纳斯的断臂亦是缺陷，但这种种缺陷并不会给人以悲的感觉，因为它们依然是某种精神的化身，是思想象征的延伸，是历史的见证。它们以一种震撼人心的美征服世人，美就美在它的不完整。所以，善待并珍惜自己的缺陷吧，当这些不足发挥出其别有的特质，你就会明白，唯有珍惜自己的方方面面才能珍惜世界！

有些缺陷是美丽，因为有了它们我们才能够一次次地热血沸腾，一次次地热泪盈眶。或许你会说，坦然地面对外物不难，因为我们只需宽容，但是面对自己或是周围人的缺陷可就没有那么简单了。这是因为，你要克服属于自己的缺陷，就要更多勇气和更多信心。或许你会因为一点缺陷而觉得世界很单调，世界不再多姿多彩，并且会因此缺陷而感觉不美妙。但是，首先你要知道，这缺陷既然已经属于你，那就无可逃避，而你只能够而且也应该正确地面对。善待缺陷，也就是善待自己，给自己留出一条前进的道路，而不是打开一扇溃退的门。如果你能拥有一颗晶莹剔透、美丽善良的心，为什么还要奢求完美的肉体呢？不必太在意自己身体上的缺陷，也不必太在意自己一些微小的缺点，只要你坚持努力做好自己该做的事，使自己更充实更有内涵，尽量做一个开朗、善良并且积极进取的人，那么你就会拥有一个完满的人生。我们无法使自己外貌完美，但我们绝对有能力使自己的内心完美，而不会被缺陷和完美的种种所累。姑且放下外表的压力，试着去做一个内心无缺陷的人，细心地体味各种完美滋味。

缺陷之所以能绽放绚丽的颜色，首先是因为我们能够珍惜自己。须知，正是因为人有了缺陷，才能突出其他方面的完美：失明的人，听力会特别敏锐；丑陋的人，不会担心被妒忌；消极的人，不会害怕自己得意忘形……每个人都有属于自己的缺陷，而缺陷实际上无异于美的印证。如果真的存在一个人是完美的，那么他的缺陷可能就是没有缺陷，换句话说，可能就是没有什么特点。每个人都是被上帝咬过的苹果，只不过有的人缺陷比较大，然而那也是因为上帝特别喜爱它的芬芳。正视自己的缺陷，换个角度看问题，就能够让缺陷绚丽地绽放。无论如何，请珍惜自己，善待自己，这意味着善待生命，善待人生！

善待生命，就是善待自己的未来，也就是让自己的缺陷也能发挥出其别具一格的功效。"金无足赤，人无完人"，凡事有所得必有所失。所谓"鱼与熊掌不可兼得"，我们要善待自己就必须学会欣赏自己，珍惜自己的缺陷，明白其特别之处。既然人的许多缺陷都是与生俱来的，我们根本无法改变，那么我们何不珍惜它、善待它、适应它呢？正所谓万紫千红才是春。

莫待此情成追忆

爱如果来了，那就一定要懂得珍惜。
不要为了所谓的面子，就让爱随风而逝。

　　人生一世，没有比"女友（男友）结婚了，新郎（新娘）却不是我"更令人伤感的。然而，很多时候，这种错过只不过因为一个面子问题。这样的情况下，这样的伤感就只能是咎由自取，连同情也不值一点点。

　　人生中最让人遗憾的就是错过最美好的爱情。那远去的身影，本来有意守护在自己身边，但却只因自己没有抬起手臂而失去那份真爱，如今徒留一生惆怅。不要说什么遇上了不恰当的时间，遇上了不恰当的人，唯一不恰当的就是自己不懂珍惜。

　　男孩和女孩本是一对人人艳羡的情侣，郎有才女有貌，双方爱得情浓意切。然而，就在毕业的时候，这对情侣却为了谁去谁的家乡工作起了争执。两个人都是家里唯一的孩子，为此双方父母也各自步步紧逼，寸步不让。两个人的争执也随之进入白热化状态。

　　其实，他们是聪明人，也知道这样的问题原本很容易解决。只要他们在一起，工作地点还不容易商量吗？但是，这份真爱里面出现了自私的成分，随着争吵的深入两人争执里难免出现有伤感情的话。他的刀光，她的剑影，突然扰乱了之前所有的甜蜜。最终，他忍无可忍地用脏话骂她，而她毫不迟疑地回应了他一记耳光。然后，女孩哭着走了。

事情发展到这一步，男孩后悔极了，不停地给女孩打电话。不过，她怒气未消，对他放声吼道："从今以后，我不想再和你纠缠了。你如果是男人，就不要来敲我的门！"就是这样一句话让男孩子痛苦不堪，虽然他想要努力挽回曾经的真爱。可是"如果你是一个男人……"这句话太刺耳了，就像无形中安装了一个扩音器，把背后的怨恨放大了无数倍。

但是，他最终还是决定去敲门。他再次来到女孩的寝室：一次，她不开；两次，不开；三次，门还是没有开。其实，女孩就在门的那一边安静地坐着，默默地流泪。她很想让男孩进来，可是自己说出了那样的话，现在没有足够的勇气放下自尊。

门外渐渐安静下来。这个时候，屋里的寂静让女孩感到有些害怕。她倚靠在门上，祈祷着男孩再次敲门。只要他再敲一次，她就打开门让他进来，原谅他的一切，并决心说服自己的家人和他一起走。然而，站在外面的男孩已经由伤心到绝望，最后他恼怒不已。男孩决定不再理会那扇门里是否存在着他要的幸福，他慢慢地转身离开，心中暗暗对自己说，我已经决定只敲三次，如果她给我开了，那就不再和她吵，我会说服我家人同意毕业后就一起去她的城市。但是她没有开门，这一切都结束了，她也许根本就不是适合我的伴侣。因此，他坚决回到自己的家乡，不久，他娶妻生子，忘记了绝情的她。

很多年后，在一次大学同学聚会上，他们不期而遇。当醉酒的他说起自己不幸的婚姻，女孩的心刹那间感受到同样的痛楚，她的婚姻又何尝幸福？

同病相怜的两个人说起那次门里门外的故事，才终于晓得对方都曾经做出了让步的打算。可是他们被面子问题打败了，都没有适时为对方做出改变，因此错过了一场美好姻缘。

"此情可待成追忆，只是当时已惘然"。多年以后人们会想起当初的美好故事，只能风中垂落沧桑的泪。这样的故事，只能给人们带来永远的遗憾。故事的男女主人公只能在风中独自吟唱着"曾经有一段爱情摆在我的面前，我没有珍惜……"怪谁呢？只能怪自己。幸福本来是你可以做出的选择，但你却因为"面子"放弃了选择的权利。一旦你不去选择命运，那么命运必然选择你。

有这样一个寓言。

有一天，一把看起来饱经风霜锈迹斑斑的钥匙，偶然出现在铜锁的面前。

"我终于找到你了！"

钥匙为这次相遇兴奋得热泪直流，它说："我就是属于你的那把世上独一无二的钥匙啊！"

铜锁挣扎了很久才用生涩的声音说："很久很久以前，我曾经有过一把钥匙，但进去之后才知道是错的，可惜已经来不及了。那把钥匙已经断在里面并且生了锈，如今再也取不出了。"

所以，已经太迟了，铜锁再也无法打开。逝去的永远无法挽回，只能成为一个伤感而心酸的回忆。爱情，当初错过一点点，可能实际就错过很多，也许，就可能错过了一辈子。

虽然听上去如此伤感，但是这样的故事总是不断跳出来。也许是年少轻狂，也许是青涩羞怯，但那么多人为了一个面子问题，就眼睁睁地让那份真爱随风而逝，让人不胜唏嘘。

罗明浩是一名软件工程师，在工作上他非常优秀，但是生活上却显得要差一点。这不是因为他收入不足，而是因为性格内向。眼看着他今年就要到30岁了，不但没有结婚，甚至还没有一个合适的女朋友。其实，他早已经有了心仪的对象。那个女孩是他的大学同学，毕业之后两个人也在同一个城市工作。

早在读书时，罗明浩就非常喜欢这个温柔可爱的女孩，但是他自己太害羞了，一直不敢把心中的想法向对方表达出来。很多次他已经快要站在对方的面前，但是总给自己找各种各样的借口放弃了，诸如"毕业之后再说"之类。其实，他非常担心女孩根本不喜欢他。她看上去是如此完美，更何况，当时喜欢这个女孩子的人很多，而那些人当中又不乏一些条件优秀的。不过，直到大学毕业，这个女孩子也从来没有答应和任何人成为男女朋友。

就在大家即将毕业各奔东西的时刻，罗明浩经过无数次自我鼓励终于鼓起勇气走到了女孩面前，可是最终他还是选择了放弃。他甚至没有时间和机会看到女孩期待的眼神，就这样，他完全错过了这个女孩。

工作之后，罗明浩一直没有尝试新的恋情，他的心里总是会想起这个女孩。由于自己当初放弃了很多机会，如今每当想起她，他就会没来由地心疼不已。为此，他不时向上天祈求：如果能够再给我一次机会，我一定不会错过她。

也许是上天听到了他的祈祷。不久，罗明浩就在自己的城市里遇到了这个女孩。女孩的住处和公司离自己上班和居住的地方都不远，而最令他高兴的是，到目前为止，女孩仍是单身一人。罗明浩得悉这些情况，几乎高兴得有些发疯，他认为自己终于可以和女孩约会了。

经过几番犹豫，罗明浩终于下定决心，准备约女孩出来看一场当时十分叫好的浪漫电影。可是，就在去女孩家的路上，罗明浩居然又一次犹豫不决了，他不知道究竟应该不应该去，既担心自己太冒昧，又担心女孩拒绝自己的邀请。一个个借口不停地冒出来，它们就像是调皮的小狗，频频阻挡住了他的脚步，他越走越艰难。最后，罗明浩实在走不下去了。在街头左右徘徊了一个小时，那些"小狗"依然萦绕不散，他最终依然选择了放弃。

又过了几个星期，罗明浩再次鼓起勇气，决定再一次去女孩家发出约会请求。可是这一次，他彻底悲剧了。临行前他听到了女孩准备结婚的消息。罗明浩此时感到特别伤心，但他缺失的勇气反而在这一天被激发出来，他邀请女孩出去喝酒。女孩很爽快地答应了。酒后，罗明浩终于无所顾忌地向女孩吐露了心声。

女孩听后流着眼泪说："罗明浩，你知道不知道，我为了等你这句话等了多久？可现在一切都太晚了，当初你连告白的勇气都没有，如今我又如何相信你能给我幸福呢？"

罗明浩听得目瞪口呆，后悔不迭。

有句歌词叫"爱你在心口难开"，可是既然爱了，为什么不敢说出口？没有勇气说出的爱，又怎能算得上真爱？这个女孩子的话没有错，如果罗明浩连这样的"面子"也要顾虑，那么以后的生活中她还不知道要为了所谓"面子"和"不好意思"损失多少幸福。因此，女孩只能选择拒绝罗明浩。

爱如果来了，那就一定要懂得珍惜。不要为了所谓的面子，就让爱随风而逝。如果真是那样，你的一生都要在痛苦的回忆之中度过了。

　　对于中国人来说，"面子"是一个大问题，但正是这个东西经常让人们错过了不该错过的东西。一个懂得珍惜幸福的人，永远不应该用面子作为借口，错失追求真爱的机会。要记住，缘分虽然很深，但是如若你用"面子"蒙住自己的眼睛，它也能在刹那间变得很浅。

投我以木桃，报之以琼瑶

无论是对人还是对己，

宽容都可能成为一种无须投资便能获得的精神补品。

学会宽容不仅有益于自己的身心健康，

而且可以赢得更多的友谊。

简单地说，宽容就是宽以待人，不过分计较对方的得失。古人就认为，"严于律己，宽以待人"是较高的为人处世境界，也是有较高个人修养的表现。无数的生活实例也告诉我们，这更是获得良友的诀窍。只有你理解朋友，体谅朋友，对朋友不求全责备，虚心接受朋友的批评意见，好的朋友才会出现在你的面前。一个宽容的人，即使朋友的批评有失偏颇，也会认真倾听与接受其中的好意。

第二次世界大战期间，一支部队在森林中与敌军相遇并发生激战。战事结束后，两名战士落伍与部队失去了联系。他们两人是来自同一个小镇的老乡。两人在森林中艰难跋涉，互相鼓励、安慰。然而，十多天过去了，他们仍未与大部队联系上，不过幸运的是他们打死了一只鹿，依靠这些鹿肉两人又可以艰难地度过几日。可是接下来，日子就过得更加艰难了。也许是因为战争的缘故，动物不是四散奔逃就是被杀光，从这以后他们再也没碰到任何动物。日子一天天过去，两个人最后仅剩下一些鹿肉，都背在较为年轻的战士身上。

这一天，他们在森林中遇到了一拨敌人，经过激战后两人决定撤退。他们巧妙地避开了敌人。不过，就在他们自以为已安全撤出时，只听一声枪响，走在前面的年轻战士倒在地上，幸亏只是伤在肩膀上没有立即死去。他的战友惶恐地跑了过来，害怕得语无伦次，忍不住抱起战友的身体泪流不止，不过他还是赶忙把自己的衬衣撕下来包扎住战友的伤口。这天晚上，没有受伤的那个战士就一直念叨着母亲，两眼直勾勾地盯着脚前的一片土地。此时此刻，两个人都以为他们的生命即将结束，所以都想把生还的机会留给对方，故此谁也没动身边的鹿肉。天知道他们怎么过的那一夜。第二天，部队救出了他们。

事隔30年，那位受伤的战士说："其实，我知道是谁开的那一枪，就是我的战友。他去年去世了。当他抱住我时，我碰到了他发热的枪管，但我们撤退的当晚我就宽恕了他。我知道他想独吞鹿肉活下来，但我也知道他活下来是为了他母亲。因为这个原因，在此后的30年间，我装作根本不知道此事，也从不向人提及。战争太残酷了，他的母亲还是没有等到他回家。战事结束后，我和他一起祭奠了老人。他朝我跪下来，请求我原谅他。我没让他说下去。就这样，我们又做了二十几年的朋友。我没有理由不宽恕他。"

一个可以宽容试图伤害自己性命的朋友的人，该是多么仁慈和宽厚！正是这种宽容，才使两人的友谊经历生死考验而保持了下来。

朋友之间的相处之道在于包容。大事小情错综复杂，日久天长，伤害一旦开始，那么将来就在所难免会留下裂痕。但是，在大多数情况下，这种伤害往往是无心的，而朋友以前对你的帮助却往往是真心真意的。不要太在意朋友们偶尔给你带来的无心伤害，也不要放在心中铭记什么"君子报仇"，而要把朋友给予你的关怀和帮助时刻铭记在心。只有这样，朋友之间才能够互相理解、互相宽容，每个人才能拥有更多的朋友，大家也才能都更加和谐地相处，我们也才能够拥有更完美的人生。

从前有一个男孩，脾气非常坏，出于个人习惯，他总是在不经意间说出一些难听的话，给自己的朋友带来各种难堪和伤害。因为这个原因，他的朋友越来越少，而他自己也为此十分苦恼。后来，他的父亲知道了儿子的苦恼，就想要帮他改正一下这种臭毛病。一天，父亲给了他一袋钉子并告诉他，每次发脾气或者跟人吵架的时候就在院子的篱笆上钉一颗。第一天，男孩钉了37颗。这让他感到害羞和可怕。于是，接下来的日子里，他慢慢学着控制自己的脾气，每天钉的钉子也逐渐减少了。这样几个月下来，他慢慢地发现，控制自己的脾气比钉钉子要容易得多。终于有一天，他连一颗钉子都没有钉。他就高兴地把这件事告诉了爸爸。

爸爸听后对他说："从今以后，如果哪一天你一次脾气都没有发，你就可以从篱笆上拔掉一颗钉子。"日子一天一天过去，最后篱笆上面的钉子终于全被拔光了。这一天，爸爸带着儿子来到篱笆边上对他说："儿子，你现在做得很好，是不是自己也这么想呢？可是你看看篱笆上的洞，这些篱笆永远也不可能恢复了。你和一个朋友吵架，不过是随口说了些难听的话，但是这些话就在他心里留下了一个伤口。伤口像这个钉子洞一样，你插一把刀子在一个人的身体里很容易，再拔出来或许也不难，但那伤口却难以愈合了。无论你事后怎么试图去弥补、怎么去道歉，伤口总是在那儿影响着你们的感情。要知道，身体上的伤口和心灵上的伤口一样留下来就难以恢复。朋友是你的宝贵财产，他们让你开怀大笑，鼓励你勇敢拼搏。他们总是随时倾听你的忧伤，随时分享你的快乐。你需要他们的时候，朋友会支持你；他们需要你的时候，也会向你敞开心扉。你和朋友们是互相支持、互相照顾、相互扶携着走在人生的道路上。所以，你不可以随便和你的朋友吵架，也不要说一些难听的话去伤害他们。告诉你的朋友你有多么爱他们，告诉所有你认为是自己朋友的人这些话，至于那些你伤害过的人，要真诚地向他们道歉，请求他们的原谅。"

　　这是一位慈爱的父亲，也是一位聪明的父亲。他在教育自己的儿子如何控制自己的脾气，但更是在教导他如何学会宽容。施明德说："我有时候真的觉得宽恕是结束苦痛最美的句点。"61 岁的他说："外界看我大大咧咧、无拘无束的样子，其实快乐的因子和幸福的因子不是毫无来由的，大多数反而是自己培育的，即使像我这样经历沧桑生命的人，只要能够包容、宽恕、不怨天尤人，就可以活得很快乐。"宽容可以改变一个人看待世界的方式。正是这种宽容的心态，才使得施明德能够战胜各种困难，历经各种风雨始终开心快乐，并赢得很多朋友的关心。

　　如果我们真的珍爱幸福，并且想要一个和谐的交际圈子的话，那么就珍惜朋友、珍惜友谊，以一颗宽容、博爱的心去对待他们，也要以此对待生活中的每一个人。对朋友要奉行宽恕之道，不要太苛求，更不要过于计较小节。不要让小瑕疵掩盖了我们之间纯真的友情，要知道，世界上没有十全十美的东西，更没有完美无瑕的人。如果要求过高，你便很可能没有朋友。记住，宽容可保友谊长青。所谓"瑕不掩瑜"，说的就是这个道理。

海纳百川，有容乃大

海纳百川，有容乃大。

懂得宽容，才可以让友谊之树长青。

　　做人有很多大道理小智慧，而其中有一点十分重要，那就是要学会看到别人的优点。一个人在受到别人称赞的时候，最愿意以配合的姿态完成你的请求。如果每个人都这样，那么你的事业就很容易取得成功。

　　人无完人，金无足赤。尺有所短，寸有所长。没有一个人是只有缺点和短处，而却没有一点优点、长处的。实际上，有些人即使自认为是"缺点"的特质，在你的眼中也会放大为"优点"；反之，有些人自以为是"优点"的特点，却会在你的眼中变成大大的"缺点"。个中的关键就在于，我们用什么样的眼光去看待这个人。

　　美国作家戴尔·卡耐基说："不要老是想着自己的成就和需求，要尽量发现别人的优点，然后发自内心地去赞赏他们。"只有你去赞赏别人，别人才会考虑你的需求和成就。

　　当我们面对自己不喜欢的人的时候，我们固然可以看到他们的缺点，但更重要的是，我们应该做到：依然可以看到他们的优点。只有这样，我们才是客观的，这样的行为才是对自己有益处的。你讨厌一个人，并不代表这个人一无是处，并不代表他的身上毫无可取之处。学会取他人之长，用来补自己之短，是让自己更好成功的"捷径"。

德伦西说过，只有那些能从别人的过错中看出其优点的人，才是最聪明的人。

换言之，能看到别人身上优点的人，往往是一个观察细微的人。他能够从别人的身上看到自己所没有的长处，也能够看到别人所不能发现的优良品质，而不是总在别人身上挑剔这挑剔那的。假如一个人只能够看到别人身上的缺点，那么他的眼光毫无疑问是狭隘的，因为他永远只能看到自己身上的长处，而这样的人必定会永远止步不前，难以在生活上取得突破。

有一天上课，老师走进了教室却没有讲课，而是先用粉笔在黑板上点了一个白点儿。然后，他问同学们："请问，大家看到了什么？"同学们齐声说道："一个白点儿。"虽然回答得整齐划一，但是同学们对老师的问题也感到可笑。这时，老师故作惊讶地追问："只有一个白点儿吗？"同学们听了感到很吃惊，于是纷纷瞪大眼睛开始找寻，大家希望还能找到别的什么答案。过了一会儿，同学们仍然重复了刚才的答案。老师摇摇头说："这么大的一块黑板放在这里，难道大家都没有看到吗？"同学们听了默然失声。此时，老师指着黑板的空白处说道："每个人身上都会存在一点缺陷，但是你们平常是不是只看到了他人身上的'白点儿'，却忽略了别人拥有的一大片空白 (优点)呢？"闻听此言，所有的同学都陷入了深思……

其实，我们每个人就像是一块黑板，可能有一个白点在某个位置上，但首先拥有的却是一大块空白，拥有缺点的同时也拥有优点。问题在于，我们常常习惯性地忽略了自己的短处，也忽略了他人的优点。由此可见，练就一双火眼金睛，多多看到别人的优点是多么重要。不论你喜欢还是讨厌这个人，都要能够从这块黑板上看到白点之外的空间。

　　一个能够看到别人优点的人，在人际交往方面会往往比一般的人要更强一些，因为他们更容易得到善意的回馈。有资料统计显示，良好的人际关系可使工作成功率与个人幸福指标达85%以上；在一个人获得成功的诸种因素中，85%决定于人际关系，而知识、技术、经验等传统因素仅占15%。在一个地方被解雇的4000人中，人际关系不好的高达90%，而不称职者仅仅占10%。大学毕业生中，人际关系处理得好的人平均年薪要比优等生还高出15%，比普通生更是高出33%。那么，怎样才能够学会观察别人的优点呢？

　　首先，要习惯于多看别人的长处，这会让你看到生活中的钻石。

　　白开水不过是最普通的水，可是它却是最解渴的液体。虽然白开水本身清淡无味，可是当一个人运动过后或是身处沙漠之中的时候，这绝对是你不二的选择。平淡无味但补充水分有效果，这就是白开水的最大优势——廉价又平凡，但它的优点是其他饮料所无法取代的。那些善于取他人长处的人，总能在平凡无奇的事物中找到珍宝，也才能够看到白开水的宝贵之处。

　　其次，要多看别人的长处，这会让你的心境愈加乐观。

　　一个只会找寻别人缺点的人是不"健全"的人，因为他始终不曾拥有一个阳光的心态，也就无法照耀到所有的鲜花。这样的人往往活得很累，因为他总是会害怕别人超过他，所以才需要不断在别人的缺点中找到自信。相反，一个能够看到他人身上优点的人是心胸开阔的人。他也许不是最成功的有钱人，但是他一定是最善于从他人或者事物之中学到长处的人，一定是进步最快的人。做一个这样的人，就能够始终在快乐中进步，在愉悦中成长。

最后，如果多看别人的长处，你注定收获更多情谊之外的东西。

学会宽以待人，学会容忍他人的缺点。你不能因为一个人的缺点就全盘否定他，因为即便他拥有很多你没有的优点，只要你没有擦亮眼睛就不能看到它。心里装得下别人的人，才会学得进别人的长处，因此就会拥有很好的人脉关系。同那些溜须拍马的人不同，这些关系都是在关键时候能够挺身而出助你一臂之力的人。

做一个心胸开阔的人吧。去发现别人的优点，而不是盯着那些缺点；去发现生活中的美好一面，而不是迷惑在那些斑驳的阴影之中；去发现身边的珍宝，而不是那些糟粕。人生没有完美，总会经历这样那样的缺失，而在指责别人不完美的同时，就是在制造一种不完美。只有懂得欣赏别人，只有更多地发现别人的优点，才能从他们身上汲取有助于提升自己的正能量，才能够让自己不断提高、不断进步。多想一想别人的优点，少计较别人的缺点，这样你会觉得生活充满幸福感。遇到风浪时，大海里的鱼从来不会惊慌失措，而小河里的鱼则会四处逃窜。这是因为，大海气魄宽广，有纳百川的度量和气势，大海也因此显得比小河更完美。在人生的旅途中，我们若想在繁复的琐事里保持宁静，若想在困厄时得到援助，平时就应当待人以宽。唯有宽广的心胸，才能营造幸福完美的人生。

白璧微瑕才是生活

绝对的完美，只存在于童话中，
不完美，才是真的生活。

生而为人，我们总是希望把任何一件事情都做得完美无瑕，会因怀疑自己做得不够好而愧疚与担心，担心关心我们的人会因此对我们感到失望；不允许自己犯错误，惴惴不安，一旦犯了错，又会不断地责怪自己……结果，时常感到失望和沮丧，精神和肉体都经受着极大的折磨。

明明自小成绩优异，四五岁时，当同龄的孩子还在玩泥巴的时候，他就和大人们神侃时事、闲聊明清，被称为"神童"。或许是自小建立起来的骄傲感，他做事憧憬完美，一道数学题算 3 遍确认无误了才放心；明明的英语历来是优势科目，但是往往也得不了满分，而只能得到 95 分左右，所以他拼命想考 100 分……

一直被追求完美的心态所禁锢着，明明尽管在学习上出现的错误很少，但是他的学习效率也是很低，成绩并没有多么优秀。终于有一天，他渐渐感到力不从心，压抑、焦虑的情绪把他压得喘不过气。

事情刚开始进行就担心干得不够漂亮，辗转反侧、惴惴不安，这就妨碍了我们全力以赴去行动，而一旦遭到不如意又会异常灰心、焦灼不安。长此以往，这种心态让自己越来越失落、越来越缺乏自信。

世界上没有十全十美的人，也没有十全十美的事，何必这样呢？静下心，把心放宽些，换一种心态，或许就是另一片天地。你会发现，当你不追求出类拔萃，只是希望表现良好时，你的能力会出乎意料得好，享受到鲜花和掌声般的待遇。

美国前总统富兰克林·罗斯福是一个杰出的领袖，当有记者向他请教秘诀时，他曾坦然地向公众如此承认道："如果我的决策能够达到75%的正确率，那就达到了预期的最高标准了，我就很满意。"

事事追求完美是一件痛苦的事，它就像是毒害我们心灵的药饵，让我们在痛苦和纠结中浪费掉时间和精力。就像罗斯福这样，与其用100%的完美折磨自己，不如静下心来好好看看自己75%的实际能力。

我们可以接近完美，但不可能达到完美。这种观念，在我们头脑中必须牢固确立。允许自己犯一些错误，设立的目标实际一点，你会发现，自己更有信心，而且更有能力和创造力，如此也就很少感到失意。

世界顶尖高尔夫球手博比·琼斯是唯一一个赢得高尔夫"年度大满贯"（包括美国公开赛、美国业余赛、英国公开赛及英国业余赛）的人，他被称为是美国高尔夫史上最优秀的业余选手。

在博比·琼斯高尔夫球员生涯的早期，他总是力求每一次挥杆完美无缺。当他做不到时，他就会打断球杆、破口大骂，甚至愤慨地离开球场，他这种脾气使得很多球员不愿意和他一起打球，而他的球技也没有得到多少提高。

直到后来，博比·琼斯渐渐了解，一旦打坏了一杆，这一杆就算完了，但是你必须尽力去打好下一杆。静下心来，调适心态后，他才真正开始赢球。对此，他这样解释说："要对每一杆有合理的期望，而不是寄望非常完美的挥杆成就，你会发现自己的表现良好、稳定，如此也就更容易取胜。"

不完美是人生的一部分，没有人不犯错误。这是一个事实，我们越早接受这一事实，就能越早地向新目标迈进。所以，失意时我们必须静下心来，放弃完美，不苛求完美，踏踏实实地尽己所能，就可以问心无愧了。

换一句话说，不正是因为有了不完美，人们才有了追求和奋斗，不是吗？倘若一个人苛求每件事情都那么完美，从某种意义上说是极其可怜的。因为他再也无法体会有所追求、有所希望的幸福感受了。

2010～2011全国女排联赛决赛，广东恒大和天津女排的决赛场上，女排老将冯坤所率领的恒大女排在2∶0领先的大好局势下，从第三局开始逐渐被天津队抑制，连输3局，最终2∶3与冠军擦肩而过。

"打到最后一分，我觉得我们还是有赢的可能。"说这话时，坚强的老队长有些哽咽。对于冯坤来说，拿到过奥运会冠军、世界杯冠军，她最大的希望就是能够在中国最高水平的联赛中再拿一枚金牌。但这个梦想看来又要推迟了。

在随后的新闻发布会上，原本打算退役的冯坤有些黯然："今天大家发挥也很好了，也有机会赢，只是没拿下来。"正是因为这一次不完美的比赛结果，反倒刺激了冯坤下赛季继续征战的愿望，她说："我希望下次能够打好。"

没有获得全国女排联赛冠军，老将冯坤的排球生涯似乎有些不完美，但正是因为这种不完美，激发了她继续奋斗的动力、锻炼了她坚韧的毅力，而这必将又会给她带去人生的转机，生出更多人生的感动和叹喟。

由此可见，事情不完美不是失意，它是另一个方向上的成就，是另一种意义上的收获。我们每个人的一生中，总是会或多或少地留下一些不完美。我们无须为此失意，只需看到自己的努力、体会背后的动力。

总之，任何事情不会完美无缺，我们可以追求卓越，但不必事事都有好的表现。如此，你会发现自己有机会去发觉自己真正的价值，有机会去了解真正的自我，循序渐进地去摘取成功的桂冠。

世界上没有十全十美的人，也没有十全十美的事。失意时静下心，把心放宽些，不必苛求事事完美，你会发现，当你不追求出类拔萃，而只是希望表现良好时，你的能力会出乎意料得好，享受到鲜花和掌声的待遇。

为自己喝彩

一些树之所以能长成参天大树，
是因它们把根深深地埋入了土里。

　　几乎每一个职场之人都想刚从事工作就得到高薪高职，但这并不是人人能如愿的，总有些人会得不到赏识、得不到重用。这时候，有些人会顿感失意，觉得自己一无是处，进而对自己的能力产生怀疑，不思进取，甚至懦弱和畏缩。

　　人才就怕在看似不被重用的日子里自怨自艾、自暴自弃、不求上进、虚度年华，浪费人生的大好时光。否则，当某一天机会降临到自己的头上时，恐怕连亮出自己的资本都没有了。

　　小王进入一家电器公司时，只是担任一名普通的技术开发人员。小王认为凭借自己的能力可以做高级技师，便试图努力展示自己的才华，但由于种种原因，他一直没有得到足够的重视，于是他开始不求上进，整日像混日子一样。

　　一天晚上，小王独自在酒吧喝酒，无意间遇到了老板，两人便坐到一起喝起酒来。几杯酒下肚，小王的胆量大了起来，不禁将自己心中的不满说了出来："老板，说句您不爱听的，是不是所有的老板都像您这样，很难发现员工的潜能和长处，让下属们找不到施展才华的机会?"

老板没想到自己竟然给小王留下了如此的印象，想想也是，小王在公司里工作了将近4年，也是公司的老员工了，在待遇上并不比一般公司所给的高。于是，一个星期后他适当地提拔了小王，并信任地将一项重要的任务交给了他。

因此，小王很高兴地接受了，他原本以为现在获得了更大的施展抱负和才华的空间，自己一定能够大展拳脚、有所作为，不料那些原本已经学到手的高端技术由于长时间荒废已经忘得差不多了，他只好向老板请示给自己一个比较简单的任务。

老板不免有些疑惑，询问原因，小王支支吾吾地也没有说出个所以然来。

由此可见，在不被重视和重用的时候，如果一个人不能坦然自若地面对，不能沉下心来好好做事，终究只能让自己局限于旧有的捆绑中不得前进，即使是个杰出人才，也难以得到更大的发展舞台。

事实上，不被重视和重用不是关键的问题，并不能代表自己一无是处，关键在于你个人是怎么去想、怎么去做的。如果你能够静下心来，坦然自若地面对这种失意，你会发现自己身上有很多可用之处。

没有一条路平整到毫无坑洼，但我们却不能因为坑洼而拒绝前行；没有一片土地平阔到没有低谷，但我们也不能因为低谷而放弃大河山川。静下心来发现自己的优点，积沉淀自己的才能，这就为将来的大作为做好了准备。

的确，那些取得较大成就的人，没有一步登天的本领，也并不是一开始便居于高位，关键是他们在不被重用与重视时能够静下心来检视自己、发现自己的优点，自己重用自己，沉下心来好好做事，最终厚积薄发。

芸芸是上海某名牌大学管理系的高才生，毕业后被一家外贸公司录用。刚一开始，上司只分配芸芸做文员，每天的工作就是整理、撰写和打印一些材料。深感不被重用的芸芸很是失意，满腹牢骚、哀叹不已，在工作中明显浮躁了很多，表现得非常不认真。

看着自己整日一张"苦瓜脸"、无精打采的可怜样子，备感失意的芸芸问自己："难道我的能力只能做些零碎而烦琐的工作吗？"不！一向不服输的芸芸摒弃了那种悲观的想法，"我思维缜密、善于分析，我还有这么多的优点呢。"

接下来，芸芸决定改变自己，她开始很认真地对待工作。由于整天接触公司的各种重要文件，又学过有关财政方面的知识，细心的芸芸发现公司在一些财政运作方面存在着问题，她便开始搜集关于公司财政方面的资料，将这些资料分类整理，并进行分析、提出建议，最后一并打印出来交给了老板。

老板详细地看了一遍这份材料后，惊异于芸芸如此年轻就有这么精明的理财头脑，而且分析得井井有条、合情合理。后来，每次开会时，老板都会征询芸芸的意见，并让她参与决策，对她十分倚重。不到一年的时间，芸芸被调到了总经理办公室担任助理，她的职业生涯也从此蒸蒸日上。

芸芸之所以获得比他人更多的成功机会，是因为她一开始就得到了重用吗？不！在不被重用的时候，她能够静下心来检视自己，寻找到了自己的闪光点，合理地去开发自己，进而在人生的矿藏中开采出了"金子"。

据悉，犹太人是世界上最富有的人，他们的成功不是天生的，他们大多是从最底层的工作开始做起的，有的做过卖报童，有的做过小商贩，还有的做过电焊工。他们的一大共性是：不管从事多么平凡的工作，都清楚自己的身上是有优点的，重用自己，进而在平凡的工作中取得了出色的成绩。

"一些树之所以能长成参天大树，是因它们把根深深地埋入了土里"。得不到赏识、得不到重用时，千万不能焦虑抱怨、自暴自弃。在这等待的时间里，要更加努力地去充实自己，提高自己的能力。

在不被重用时，懂得积累自己、沉淀自己。当有一天你有足够的能力担任重任时，新的机会和新的岗位自然就向你走来。因为在老板的心目中，你已经变得不可替代了，那个时候你还会有"怀才不遇"的失意吗？因此，为了那一天的到来，此刻就做好充分的准备吧。

不被重视和重用不是关键的问题，并不能代表自己一无是处，关键在于你是怎么去想、怎么去做的。静下心来检视自己，发现自己的优点，重用自己，厚积薄发，这就为将来的大作为做好了准备。

第十章

鸟来挥衣自语，客至汲泉烹茶

——慢下来，把琐事酿成诗

"世上本无事，庸人自扰之。"我们很容易在纷繁的琐事中迷失了方向，找不到幸福究竟藏在迷宫的哪条路上。其实，只要多一点欣赏，少一点忧虑；多一点平淡，少一点纠结，就能够在生活中寻找到"鸟来挥衣自语，客至汲泉烹茶"的幸福和美好。

随风随缘，顺其自然

若能一切随他去，
便是世间自在人。

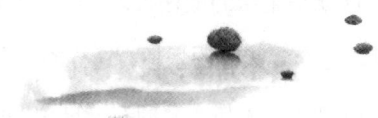

　　有一位很有名望的禅师住在远离闹市的寺院里，很多人慕名前来拜访，想要聆听他充满智慧的言语，其中不乏当朝的权贵人物。一日，几个大臣相约拜见禅师，一行人在山中泉水旁谈天，有位大臣向禅师请教万事万物的道理。

　　当时正是初秋，山里的树木半黄不黄，禅师指着一棵树问："你们说，这树是枯萎的好，还是繁茂的好？"

　　"当然是繁茂的好！"有人说。禅师却说："繁茂的东西免不了枯萎。"

　　"我觉得枯萎的好。"又有人说。禅师说："枯萎的也会成为过去。"

　　"到底什么才是最好的？请大师指点。"几位大臣同时作揖。禅师说："繁茂的就让它繁茂，枯萎的就随它枯萎，这就是最好的。"

　　繁茂也好，枯萎也罢，大自然的一切均遵循四季规律，对于树木来说，春天抽枝，夏天繁茂，秋日结果落叶，冬日休养生息以待来年，这种轮回型的一生一息是最合理、最自然，也是最好的生存方式。如果放进暖棚里春冬不息地茂密着，恐怕树木也会觉得疲惫，观者也会觉得太过刻意。唯有自然的，才是最好的。

人生也是如此。人的悲欢离合就像月的阴晴圆缺，非人力所能改变。生老病死伴随着一个人的生命，所有人都会为它们苦恼，所有人都逃不过它们的束缚，这就是生命的本质。一个遵循自然规律的人，幼时嬉戏，壮时立业，老来颐养天年，这就是生命的最佳状态。唯有遵循这种自然规律，才能让身心达到和谐，领略每个年龄段的乐趣，这样的生命才能称为享受。

与人相处也应自然，人与人之间有冥冥中的缘分，否则如何解释茫茫人海你遇到的是这一个人、这一些人？当缘分来了，纵然相隔千山万水也躲不掉；缘分去了，纵然只有一街之隔也会老死不相往来。在拥有的时候珍惜，在远去的时候珍重，领会到这种自然，不强求改变，这就是豁达。豁达的人不强求，他们知道万物的缘起，也知道生命的归宿，比起无尽的宇宙，人的存在太过渺小，如沧海一粟。世界上的一切都应顺其自然，每个人也要效法自然，这就是禅心。

山里有一户贫苦人家。这一天，母亲给儿子一个碗，吩咐他去山那边的集市买一碗油。儿子装了满满一碗，小心翼翼地往家里端，可惜他越是小心，越是容易出错。在村口，他被脚下的石头绊了一跤，不但油洒了，碗也摔碎了。

孩子被母亲骂了一顿，母亲又给他一个碗说："再去打一碗，这一次别再打碎了！"孩子刚要走，母亲又说，"打半碗就行，回来的时候不用太小心，该玩就玩，该说话就说话。"

孩子按照母亲的吩咐打了半碗油。回来的时候，他像往常一样左看看、右看看，没有留意手中的碗。这一次，他平平安安地回到家。母亲说："越是过分在意，越容易出错，保持平常状态，才是最好的状态。"

一碗油洒了出去，就算再可惜、再抱怨也不能让它回来，与其白白生气，不如下次更加小心，用更好的方法；凡事太过小心翼翼，难免因为太过精细而产生疏漏，只有保持最平常的状态，错误才能最少。所以要保持一份轻松平和的心态，这就是顺其自然。

为人处世也应顺其自然。一时有了不如意，不必垂头丧气，因为人生都有低谷，耐得住就能走到高潮；一时遭人怨恨，也不必非要解释，日久见人心，他人总会知道你的真诚。有些人的一生都在追求不属于自己的东西，直到老死才明白什么也不属于自己，能够掌握的只有生命本身。可那些与年龄、感情、兴趣有关的欢乐早就被他们抛弃，再想追回已是无能为力，徒留感叹和悔恨，倒不如一开始就知道什么最重要，在该珍惜的时候珍惜，好过日后后悔。

命里有时终须有，命里无时莫强求。自然的法则残酷却真实，你愿意接受它，它便不会亏待你，你总是违逆它，便是在为难自己。人如果能够顺其自然地生活，就不会在意那些终将成为过眼烟云的东西；若是想得开、看得透，就会知道与人争斗只会白白惹来烦恼。豁达的人不会为虚名所累，他们总能在纷扰的世事中享受属于自己的那一份感悟，自得其乐。

翻开明媚的明天

生命里的所有时光都像是书页间的插图，
再怎样赞叹惋惜也还是要翻过去。

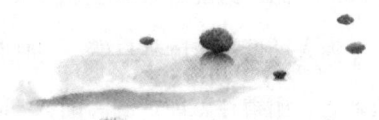

　　一个女人心里充满烦恼，她去寺院向禅师请教："师父，我如何才能不去想我的过去？我整日沉浸在回忆里，无法正常生活。"

　　禅师请女人一起去庭院捡树叶，女人见风刮个不停，就对禅师说："师父，不要捡了，反正有人会来打扫。"禅师说："我捡起一片，地上就干净一分。"女人说："你捡起一片，风就吹下一片，哪里捡得干净？"

　　禅师说："地上的落叶也许捡不干净，但是我们心上的落叶却是捡一片，少一片，我们不能停止捡拾心上的落叶。你收起一寸心事，烦恼就会少一点儿，总有一天，烦恼会无影无踪。"

　　禅师捡起落叶，是在打扫心中的烦恼。那些不能忘怀的过去就如同心间的落叶，你不清扫，它们就在原地落着，用枯黄的颜色和苍老的形态提醒你它们的存在；你若真能将它们收起来，很快就会想不起它们的确切样子，最多记得有这么一回事，但它们已经不能再烦扰你。心间的"过去"去一点少一点，唯有扫净烦恼，人的心胸才能呼吸。

人们难免怀念过去，不论悲哀欢喜，都是我们曾经经历过的人生，也是不可替代的珍贵回忆。如果现实生活不如意，人们就会倾向于美化过去，在他们心中，过去的天比现在的蓝，过去的人比现在的单纯，过去的感情比现在的纯真，过去的一切都有明亮的色彩，而现实却是黯淡的、苦闷的。沉浸在这种怀旧情绪中，人的精神也会跟着低落。

还有一些人总是对过去受的伤害念念不忘，也许是受伤太深的缘故，他们总是反复诉说、悔恨，恨不得时间倒转重来一次，再作一次选择。他们认为自己是受害者，长久地抓着过去不放，希望给自己一个交代。事实上，过去就是过去，不会对你做出任何补偿，你缠着它，耽误的是你自己，为难的也是你自己。

高中时，林奇与3个同班同学是好兄弟。毕业时，林奇考上上海的一所重点大学，几个朋友也各有出路，他们相约大学时一定要好好努力，今后做出一番事业。

大学时，林奇一直记得当初的约定，刻苦学习。他发现大学里人与人之间的关系不像高中时那么简单，他和舍友、同学相处得不是很好，所以很怀念高中时与3个兄弟同进同退、推心置腹的那种友谊。毕业后，他本来可以在一家很好的企业工作，因为怀念高中时的朋友，他决定回家乡，和几个朋友相聚。

没想到时间改变了许多事，朋友们的外貌并没有太大变化，但各自有了各自的事业、家庭，见了面也没有多少共同语言。林奇十分痛苦，他觉得朋友们忘记了当初的约定。朋友们却对他说："并不是我们忘了，而是各人有各人的生活，每个人都要面对现实，过去的话就当作美好的回忆，我们只能为现在活着。"

消沉了一段时间，林奇终于决定回上海发展，他认为自己也该潇洒一点儿，活在当下。

过去的情谊的确是美好的，曾经的誓言想起来就会激荡人心，故事中的林奇想要找回曾经在一起的奋斗伙伴，没想到世易时移，每个人都有了自己的生活。过去的一切并非是假的，只是努力生活的人都知道，最重要的不是过去说了什么，而是现在要做什么。

豁达的人能够正视过去，从过去的美好中，他们知道生活的重要、情谊的重要，过去让他们相信人性、相信真情，这就是回忆的正面力量；同样地，从过去的伤痛中，他们愿意检讨自己、汲取经验，让这份伤痛也变成一份财富。不论美好与不美好，他们都清楚地知道自己手中应该拿着什么，心中应该放下什么。

我们不必忘记过去，但不能留在过去。时光匆匆，未来还有漫长的路要走，留在过去，就是限制了自己的人生，把自己的潜力只留在那一小点。一切必须向前看，人始终要向前走。我们不必对过去的梦想执拗，也不用因回忆而过分伤怀。过去既然已经过去，就把一切当成一份珍贵的回忆，豁达地面对那些悲哀欢喜，然后洒脱地走出来，迎接更好的明天。

放手，是为了寻找更好的幸福

如果手中的苹果烂掉，

继续拿着只会让自己为难。

一对夫妻结婚后日日吵架，吵得四邻不宁，还经常惊动双方家长。妻子对闺蜜们抱怨："我真不明白，结婚前我们两个有说不完的话，一天不见就像少了什么，为什么结婚后看对方就这样不顺眼，恨不得对方不出现在自己眼前。"

常言道："劝和不劝分。"闺蜜们都劝她想开一点儿、体贴一点儿，只有一个朋友对她说："你们的个性本来就不合，恋爱的时候还能相互忍耐，一旦朝夕相对，缺点就再也掩盖不住了，也难怪对方受不了了。有些人不适合走入婚姻，建议你们赶快离了吧。"朋友们大惊失色，没想到她会说出这种话，纷纷责怪她。

可是，就像这位朋友说的，这对夫妻性格不合，根本无法一起生活。半年后，他们的感情彻底破灭，还是选择了离婚。离婚后的女人对朋友说："其实我也早就知道不合适，总是想着再试试、再忍忍。早知如此，我半年前就该听你的话才对。不够果断，害的是自己。"

常言道："宁拆十座庙，不毁一桩亲。"故事中的朋友眼见女主人公不适合再维持这段婚姻，索性做个"恶人"，提醒她赶快放弃。人只有学会放弃那些不适合自己的东西，才有可能真正学会判断，知道什么适合自己、什么对自己最好。如果优柔寡断，总是放不下，就只能和不如意的现状纠缠不清，无法清净。

世界上有很多坚持其实不值得。就如故事中天天吵架的夫妻，恩情不再，存在的只是对彼此无休止的抱怨，也许过不久，抱怨就会变成仇恨。这种坚持换来的不会是守得云开见月明，而是更坏的结果。这个时候，自己的坚持只是让不愉快的经历延长，浪费时间，浪费感情。与其如此，不如当断则断。

有时候面对烦恼，我们会告诫自己"将就一下"，但"将就"有什么意义？"将就"只是使本来就不可调和的矛盾再多酝酿一阵子，很多时候，"将就"就是和稀泥，把原本的烦恼搅在一起保持暂时的和平，事实上并没有改变它的性质，总有一天，它还是会爆发，造成的伤害可能会更大，不如在该放弃的时候早点儿放弃。

安易的一位朋友失恋了，安易等到周末就赶快去了朋友家，她想要安慰这位朋友，没想到朋友竟然没有消沉。安易说："真没想到，你恢复得这么快。"

"哪里哪里，我也是伤筋动骨，不过我虽然伤心，却能想开。"

"想开？你怎么想开的？"

"我想起以前我的姐姐来我家，看到我养的兰花很羡慕，我想送她两盆，你知道她说什么吗？她说她很喜欢花，但是她不是养花的人，不懂得养花技巧，也不知道花的习性，如果把兰花放到她家，就会糟蹋了兰花。我想恋爱就像养花，养不好这一朵，就不要霸占着他，有时候，放开反倒是最好的结局。"

好梦从来容易醒，失去爱情是人生最伤心的事之一，失恋的人容易消沉，容易借酒浇愁，也容易从此自称"看破红尘"，再也不相信爱情。这样的人看上去已经放弃了一段爱情，其实还在为这段关系纠缠，并让一个不愉快的结果长久地影响自己的心境与人生态度。而故事中的这位朋友就很豁达，知道缘来躲不了，缘去莫强求，自己不合适对方，不如让对方找更好的，潜台词是对方不合适自己，自己也会找到更好的。

我们总是强调"坚持"的重要性，似乎"坚持"等同于"精诚所至，金石为开"，但在现实生活中，"精诚"是有的，却不一定能换来"金石为开"，倒有可能因为错误的坚持而耽误远大的前程。要知道对一个选择的坚持，既可能让你走得更远，也可能让你无路可走。

坚持应该合乎实际，如果在错误的方向用错误的方式一意孤行，就是固执。还有很多人明明知道这一点，就是不愿意摒弃自己的"错误"。他们已经为此付出了各种各样的努力，认为中途放弃不仅是否定自己，也可惜了那些花费掉的时间和精力。这个时候我们就需要有一个豁达的眼光，因为此时的放弃是在避免更多的错误与失败。有时候，放弃也是一种坚持，那是对生命的负责，对前程与更好未来的坚持。

发现困境后的惊喜

不要祈求安逸的生活，

要祈求能有随遇而安的心境。

　　有个年轻人从重点大学毕业，到一家大公司工作。年轻人满怀雄心壮志，却发现自己每天只能做一些打印文件、泡咖啡、扫办公室之类的杂事。几个月后，他的忍耐到了极点，他给自己的系主任打了个电话，说想回学校执教。

　　系主任接到电话后说："你毕业刚刚几个月就想回学校，太早了吧？"年轻人说："我根本就不该离开学校。如果继续做现在的工作，我一定会发霉！"

　　系主任说："那么你觉得我的工作如何？当年我大学毕业，是一个普通的学生指导员，每天干的事比你还无聊，一干就是3年。"年轻人惊讶道："3年？你真有耐心！"

　　"3年后，系里有个老师退休，有人推荐我去教课，教的竟然是我不熟悉的秘书学。"系主任说，"不过我想，比起指导员，当讲师是个进步，于是就开始教秘书学，一教又是3年。因为我很努力，讲课又好，被提拔为系主任。依我看，你不要急着回学校，继续在那个公司工作，老板让你干什么你就干什么，随遇而安，总有一天会等到机会！"

听了系主任的话，年轻人收起好高骛远的心思，每天认真完成老板交代的任务。3年后，他已经是那个公司的销售经理。

一个人想要成功，抱负固然很重要，能力是最基本的条件，机遇也是一个关键点。不过仅仅有这些还是不够，想要成功的人还要有一种豁达的心态，这就是随遇而安、顺其自然。故事中的系主任刚刚工作的时候就悟出了这个道理，他相信机会总有一天会来到，人不会永远坐在一个位置。就是这份心态，让他在3年后一路升级。

有时候我们会感叹自己能力不足，现实的环境总不能让我们满意，却又不能加以更改，这个时候应该做什么呢？抱怨是最没有出息的办法，也最无济于事；没有目的、没有计划的行动只会让自己的人生更加混乱，因为凡事都需要工夫，你中途改变，就是浪费了曾经的努力；更忌讳放弃，因为你又不能确定前方没有希望，怎么能说放弃就放弃？

所有事情都需要酝酿，机遇也是如此，不必在意眼前的困境，要想想谁都有困境，谁都不会一帆风顺；更不能轻举妄动，当时机还不成熟的时候就行动，只会得到失败的结果。要相信机遇对每个人都是公平的，只是属于你的那一份还没有到来，你要做的应该是做好准备，以便它到来的时候紧紧抓住。在那之前，不妨先享受一下清闲，这不也是一种生命体验吗？

有个叫查理的小伙子喜欢旅行。有一年，他一个人去美国纽约，下飞机后，刚刚订好旅馆，就被小偷"光顾"，钱包与护照不翼而飞，身上只剩一点儿零钱。在美国，旅客遇到这种情况，一般都会立刻去警察局，然后在旅馆等待消息。查理哀叹自己倒霉，不甘心美国之旅成为泡影，决心靠手边这点儿零钱来一次别开生面的纽约之旅。

第二天，查理去参观自由女神像等有名的建筑，还认识了不少来旅行的年轻人。他们听说了查理的遭遇，便邀请查理与他们一起开车穿越西部，查理兴高采烈地答应了。

整整一个暑假，查理和新认识的朋友们畅游美国，他们住最便宜的旅馆，偶尔替人打工赚旅费。一个月后，查理回到纽约，乘机回国。朋友们听说查理丢了钱包，都说："你是怎么在美国过了一个月？一定非常糟糕！"查理说："恰恰相反，我过了一个非常愉快的假期！"

假想有一天，你一个人下了飞机，身在异国，护照丢失，身上只有几块零钱，你会如何？是急着找人求救，还是在警局里咒骂那个小偷？你能不能像故事中的查理那样，既来之，则安之，目的是旅游，没了钱就来一次免费游，用仅剩的条件让自己开心？恐怕很多人都做不到这一点，就算勉强游览几个景区，他必然愁眉苦脸。

豁达的人并不多，豁达有时甚至被人们称作"阿Q精神"，被认为是苦中作乐的心理安慰。我们所说的豁达是一种乐观的心理状态，豁达的人能够以最快的速度接受现状，却不会像阿Q那样只是接受，不能改变。豁达的人在判断过局势后就会达观地放下原本的目的，顺着局势观察会有什么其他收获。

豁达也不是见风使舵，而是在不能改变局势的时候的一种放得下的心态。一个人的能力终究有限，勉强自己只会带来烦恼，不如随遇而安，只要耐得住性子，转机也许就在下一秒出现。陆游有一句诗写得很有诗情，又有禅意，他说："山重水复疑无路，柳暗花明又一村。"要相信生命中有很多惊喜，就在柳暗花明之后。

剪短羁绊的绳索

身安不如心安，
屋宽不如心宽。

　　卢卡今年已经50多岁了，可是最近他身心备受打击，倒霉的事情接踵而至，妻子刚去世不久，女儿又因难产身亡。一连串的打击让他的心都碎了，他不知道今后的路自己能否坚持走下去，整日郁郁寡欢。

　　一段时间后，为了生存下去，卢卡打算重新到外面找一份工作，但是他不停地担心别人嫌他老、担心别人嫌他动作迟缓、担心自己无法承受别人要求的工作强度……这一系列的担心更让他怀念过去，怀念妻子在世的岁月，由怀念而生悲痛，又重新陷入丧女的阴影中不能自拔，结果病倒了。

　　了解到卢卡的病情和生活情况后，主治医生对卢卡说："你的病情太严重了，需要长期住院治疗。但是你又没钱。我看这样吧，从现在开始，你可以在本院做零工，每天打扫病人的房间，以赚取你的医疗费用。"

　　卢卡心想：反正没有比这更好的活法了，而且就目前的情况来看，自己似乎根本别无选择。于是，卢卡开始手握扫帚，每天都想着如何做好当天的事情。慢慢地，他不再担心什么，内心也恢复了平静，寂寞、担忧被驱除了，卢卡的身体也好了起来。由于经常接触病人，卢卡对病人的心理也了如指掌，后被院方聘为陪护。贫穷也开始向他挥手告别，他觉得自己新的人生要开始了。

人总是习惯为命运担忧，从眼前一事就能想起万千烦恼，没个了断。故事里的卢卡因为变故而陷入无限的担忧中，并因此而病例。当他放下忧惧，专注于当下之后，生活反而变得更加平顺。一味地认为自己时运不济，这种太过笃定的念头可称之为"痴"，也可叫作"执"。对一件事、一个想法太过坚持，就会把路越走越窄，再也不能心宽明理。可世间诸事纷纭，若不能心宽以待，怎能有豁达与舒坦的心境？

什么是明理？在古代，"道理"并不是一个词，而是两个。"道"，是我们前面说过的事物遵循的深层法则；"理"，则是那些表面现象。到了现代，"理"的意思越来越宽泛。"明理"，既是知晓事理，也是通情达理。既知"道"，也明"理"的人，他看事物不只看表象，还会推出前因后果，一旦看得明白，就不会有那么多担心——路在脚下，有时间担心，不如赶快赶路，寻找机遇才是正题。

有禅性的人明理，有什么事值得人们愁眉不展、郁郁寡欢？不过贪嗔怨怒，贪念让人迷失心智，不懂知足；嗔怒让人肝火上升，伤神伤身；怨恨让人心生恶意，害人害己……人生的烦恼不过这些，一切都来自于自己的执念。执念一产生，便如种子植在心中，随着年岁而枝繁叶茂，难以根除，甚至会被某些人视为生命意义之所在，忘记生命中还有其他重要的事。

古时候，有个官员担任要职，每天衙门里的大事小情如乱麻一样，让他心烦意乱。不但要为公事操劳，家里的一个正室、一个小妾、5个儿女常常争吵，也让他心力交瘁。这一天，他独自骑马到城外散心，看到绿草丛边有个牧童正在吹笛子，官员坐下来与那个牧童交谈，他对牧童说："我真羡慕你，你只要放放羊、吹吹笛子，就能很快乐。"

牧童问："谁不是这样呢？难道你不是吗？"

官员说："我不是，我就算来到草地上，吹着笛子，心里也想着烦心事，不能解脱。"

牧童说："那么，难道这些烦心事是绳子，能绑住你的手脚吗？"

官员说："它们当然不是绳子，不能绑住我。"

牧童说："既然它们不能绑住你，你为什么不能解脱？"

官员听后静默不语，继而大悟。

世间的烦恼并不是绳索，人们却心甘情愿地被它们捆住，不知是烦恼缠人，还是人抓着烦恼不放。烦恼也常常有美丽的外衣，比如娇美的容貌、殷富的地位、人尽皆知的名声。人们得到它们，也要收下它们负面的部分，越到后来，越是看到负面的部分，以致自己心烦意乱。倘若人们能够明白事理，客观地看待世间一切，至少不会为了事物的负面因素烦心。

明理的人心宽，对人对事看得开。在享受的时候，他们并不是不知道福祸相倚，今日的舒坦也许意味着明日的苦难，但他们不会为了明日的烦忧而干扰今日的快乐。不论祸福，他们都能担得起，不论喜悲，他们都能放得下。在他们看来，"痴"固然重要，该洒脱的时候也要洒脱，该放下的时候仍然紧紧握着，未免有些小家子气。

修禅的人明理，因为禅义本就包含世间道理，教导人们看透事物表象，可以用心生活，不可过痴过执。他们追求的是生命的宽度，而不是对一个"点"锲而不舍，如此将会陷进去，再也拔不出来。生命有限，要体会的事太多，心宽的人才能容纳人生更多的风雨。世事无常，做个明理的人，便可于纷乱中觅得清净与智慧。

幸福仿若流沙

幸福就像手中的沙子，握得越紧，失去得越多。

当你手中抓住一件东西不放，你只能拥有这件东西，

如果肯放手，你就有机会选择别的。

有开始就有结束，有得到就有失去。我们的人生中也多多少少有过类似的经历：长时间的心血毁于一旦，没有任何回转余地。这个时候我们只能选择放弃，但放弃并不能让我们轻松。放弃应该从心理上开始，面对过去的执念，要明白唯有真正地放弃才能得到新的机会。

放弃不是一件容易的事，如果放弃的仅仅是手中不重要的东西，也许心里不会难受，但"放弃"这个词一向与重要的事相连，而且这种"放弃"往往意味着不能再拥有。人有执念，自然也有相应的努力和行动，也许已经有了一些成绩，放弃就要将这些东西全部都抛掉，也难怪人们说："得到难，放弃更难。"

那么，人们舍不得的究竟是自己的执念，还是那些已经付出的青春、精力、金钱？恐怕后者的成分要多一些。多数人都希望自己的投入有所回报，不希望自己的努力成了竹篮打水——一场空。但也就是这种心理，让执念越

来越深。明理的人不会沿着错误的方向一直走，他们会及时收手回头，因为他们知道继续纠缠下去只会浪费更多，耽误更多。

清清是个美丽的女孩，在她的公司，很多男士都想要追求她。但是今年已经 27 岁的清清对感情从不过问，拒绝了所有人的追求。

清清不谈恋爱有她的原因。在大学的时候，清清有个与她感情很好的男朋友，可是二人个性不合，经常产生矛盾。两个人几经磨合，依然不能适应对方，最后只能选择分手。清清对这段感情投入很多，对这个结果非常失望。从此她对感情能避则避，更不想走入婚姻的殿堂。

清清的好朋友们经常给她讲道理："第一个不合适，难道第二个也不合适？不要因为一个人就对所有的人都失望。你不去尝试，怎么能遇到最好的？"但清清一直沉浸在过去的失望中，不肯迈出一步。身边的姐妹们一个接一个地都嫁人了。终于有一天，清清才发现，再不重新开始，自己就要成为剩女一族中的一员了。

懂得放弃是一种智慧。过去已经成了定局，就算有再多的执着，有些事也无法挽回，一味留恋只会徒增伤感。就像故事中的清清，为了一次失败的恋爱而否定自己、否定感情，这种否定情绪已经影响了她的生活，如果不能及时摒弃这种负面情绪，迎接她的将会是孤单的结局。如果有一天她突然醒悟，恐怕要后悔自己耽误了那么多美好的时光。

舍得放弃是一种能力，放弃代表一个人的决断。在最恰当的时候放手，即使有伤痛，也是最佳选择。放下一些旁人都羡慕、自己也舍不得的东西，何尝不是一种考验？要相信有舍必有得，贪恋只会拖延你前进的步伐。人生的哪一次选择不是因为对旧选择的放弃？所以不要害怕放弃，放弃意味着新的选择与新的开始。

对人生的烦恼更要懂得放弃，有一位高僧曾对徒弟们说了一句饱含智慧的话，教导他们脱离苦海，这句话只有两个字——放下。放下执念，便能明理；放下烦恼，便有自在；放下欲望，便可超脱。多少智慧都在这两个字之中，需要人们细细体会、反复琢磨。唯有放下，心灵才能容纳更多的智慧，所以大智慧之人懂得放、懂得舍、懂得放弃也是一种获得。